Werkstattbücher

Für Betriebsfachleute
Konstrukteure und Studenten

Herausgeber:
H. Determann W. Malmberg H. Rattay

100

F. Pristl †

Arbeitsvorbereitung II

Der Mensch, seine Leistung und sein Lohn
Die technische und betriebswirtschaftliche
Organisation

Vierte durchgesehene Auflage (20. bis 24. Tausend)

Springer-Verlag
Berlin Heidelberg GmbH 1969

Herausgeber-Kollegium der Werkstattbücher

Dr.-Ing. HERMANN DETERMANN, Schulbehörde Hamburg

Dipl.-Ing. WERNER MALMBERG, Ingenieurschule Hamburg

Prof. Dipl.-Ing. Dr. HELMUT RATTAY, Hamburg

Verfasser dieses Heftes

FERDINAND PRISTL †, Schmiden b. Stuttgart

Inhaltsverzeichnis

Titel-Nr. 7081

ISBN 978-3-540-04754-4   ISBN 978-3-642-80554-7 (eBook)
DOI 10.1007/978-3-642-80554-7

Vorwort

Das Werkstattbuch „Arbeitsvorbereitung I" behandelt zunächst die betriebliche Wirtschaftsplanung, geht also vom kaufmännischen Denken und von den finanziellen Überlegungen aus. Auch wenn diese Bereiche nicht unmittelbar zum Aufgabengebiet der Arbeitsvorbereitung gehören, sondern Geschäftsleitungsfragen betreffen, schien es wichtig, die Zusammenhänge zu klären. Daran schließen sich Fragen der arbeits- und werkstoffsparenden Konstruktion und der zweckmäßigen Fertigungsplanung. Es handelt also von der sachlichen Seite der Arbeitsvorbereitung. Im vorliegenden Heft „Arbeitsvorbereitung II", das nun in 4. Auflage[1] erscheint, wird versucht, die menschliche Seite herauszuarbeiten, Leitgedanken aufzustellen, nach denen der Mensch am erfolgreichsten im Fertigungsgang wirken kann, und durch die Fertigungssteuerung alle Mittel und Kräfte des Betriebes aufeinander abzustimmen mit dem Ziele der wirtschaftlichsten Arbeit. Da der Sinn aller wirtschaftenden Tätigkeit das Werteschaffen bzw. erhalten sein muß, wird als Abschluß noch kurz auf das betriebswirtschaftliche Rechnungswesen als wichtigstes Kontrollinstrument eingegangen.

Es ist gewiß unmöglich, im Rahmen zweier solch kleiner Hefte alle Fragen der Arbeitsvorbereitung im weiteren Sinne erschöpfend zu behandeln, aber die Kennzeichnung der Probleme und ihrer mit den heutigen Erkenntnissen und Mitteln möglichen Lösung kann vielleicht manchem denkenden, schöpferisch veranlagten Fertigungsfachmann, Betriebswirtschaftler oder Kaufmann eine Hilfe sein. Die Schrifttumshinweise sollen zum Weiterstudium anregen.

I. Auswahl und Betreuung des arbeitenden Menschen [1][2]

Hierzu zählen alle Maßnahmen und Bemühungen, dem im Betriebe tätigen Menschen planmäßig die volle Auswirkung seiner Kräfte zu ermöglichen, denn alle technischen Planungen nützen nichts, wenn der arbeitende Mensch sie nicht in die Wirklichkeit umzusetzen vermag. Vor allem ist sein richtiger Einsatz anzustreben, nach seinem fachlichen Können, seiner geistigen, seelischen und charakterlichen Veranlagung sowie seinem Gesundheitszustande. Zwei Wege müssen zugleich beschritten werden: Erstens sind organisatorische Maßnahmen und zweitens unmittelbare Bemühungen um den Menschen selbst notwendig.

A. Organisation der menschlichen Arbeit

Die Arbeitsorganisation erstrebt eine ausrichtende, Halt gebende und mitreißende Resonanz der ganzen Arbeitsgemeinschaft, die sich nicht im Sinne einer mechanistischen Lebensauffassung allein in einem rationalen, vorbedachten Schema erfassen läßt. Die horizontale Ordnung erstreckt sich auf die Schaffung gesunder Beziehungen zwischen betrieblich Gleichgeordneten, auf die Regelung der Arbeitsabläufe in Raum und Zeit und die Verteilung der Arbeitskräfte. Bei der vertikalen Ordnung wird zwischen *äußerer* auf Zwang und *innerer* auf Vertrauen begründeter Abhängigkeit unterschieden (Abb. 1).

1. Leitungsorganisation, Funktions- und Abteilungsgliederung [2]. Die Leitung (*äußere* Abhängigkeit) ist ihrem Wesen nach das Mittel zum Ordnen des Über- und Nebeneinander der einzelnen Mitarbeiter und beruht darauf, daß der eine infolge

---

[1] Die von F. PRISTL († 15. 1. 67) bearbeiteten Auflagen erschienen 1951, 1958, 1964.
[2] Die in eckigen Klammern stehenden Ziffern verweisen auf das Schrifttum S. 81 ff.

1*

Dienst- oder Arbeitsvertrag gezwungen ist, sich den Weisungen des anderen zu fügen — reine Befehlsgewalt des mit einer Leitungsaufgabe „Betrauten" (Autoritätsübertragung). Soll nun die Durchführung der Absichten der Unternehmensleitung (Produktions- oder Dienstleistungsaufgabe, Verhältnis zur Konkurenz, zu Kapitaleignern, Vorständen, Staatsstellen, zu Lieferanten und zur eigenen Belegschaft) gewährleistet sein, so müssen die Aufgabengebiete und Anweisungsberechtigungen klar abgegrenzt und festgelegt sein, damit Zuständigkeitsstreitigkeiten vermie-

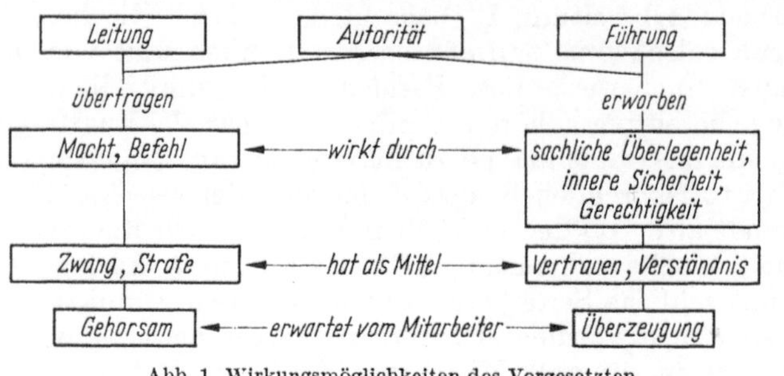

Abb. 1. Wirkungsmöglichkeiten des Vorgesetzten

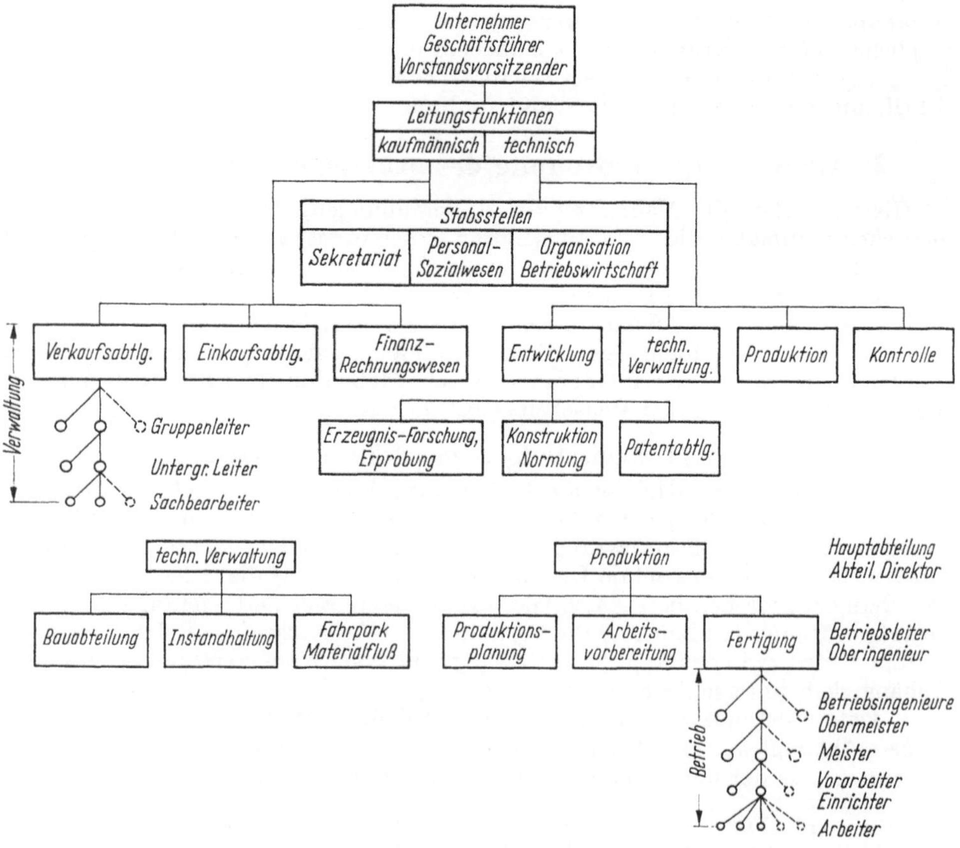

den werden. Je nach Betriebsgröße und Verschiedenartigkeit der Aufgabenstellung wird eine Zerlegung in Teilaufgaben und ihre Übertragung an mehr oder weniger spezialisierte Aufgabenträger erforderlich. Die empfehlenswerte Verquickung von Zuständigkeitsbereich und Kostenverantwortung führt weiter zu kostenmäßigem

Abb. 2. Leitungsorganisation eines Industriebetriebes, wobei auf dem technischen Sektor die weitere Unterteilung aufgeführt ist

Denken und damit zur Leistungssteigerung, wobei die Gesamtverantwortung immer die Geschäftsleitung trägt. Die Handlungsfreiheit wird aber eingeengt durch:

Staatliche Einwirkung je nach dem herrschenden Wirtschaftssystem,

die Rechtsordnung,

die Kapitaleigner, falls diese nicht mit der Leitung identisch sind, und

Vertreter der Arbeitnehmer (Betriebsrat, Belegschaftsvertreter im Aufsichtsrat, Gewerkschaft).

a) Autoritärer, linearer Leitungsaufbau. Den üblichen Stammbaum linearer Organisation als Bild des rein autoritären Aufbaus zeigt Abb. 2. Hier ist die Eindeutigkeit der Führung gewährleistet. Gelegentlich findet man noch das sogenannte Kollegialsystem mit mehreren gleichberechtigten Direktoren, die innerhalb ihres Bereichs selbständig sind und bei denen die Erledigung besonderer Aufgaben einer gemeinsamen Beschlußfassung bedarf. Als Stabsabteilungen bezeichnet man fachlich spezialisierte Ratgeber ohne direkte Befehlsgewalt. Bei der Bildung der Stellen höchster Ordnung pflegt man vorwiegend den betrieblichen Grundfunktionen: Leitung, Beschaffung, Produktion und Absatz bzw. Verwaltung zu folgen. Des weiteren wird zwischen vorbereitenden, ausführenden und kontrollierenden Funktionen entsprechend der Dreiteilung der Aufgabengebiete der Unternehmensführung getrennt, wobei die auf allen Ebenen eingesetzten Kontrollorgane Verstöße gegen das Grundgesetz des geringsten Aufwandes als „Conditio sine qua non" aufzudecken haben. Je nach der Größe des Betriebes wird die Unterteilung mehr oder weniger weit getrieben. Der klaren Verantwortlichkeit steht als Nachteil der lange Instanzenweg und die starke Belastung der oberen Stellen gegenüber.

b) Funktionelles Leitungssystem. Besteht infolge weitgehender Spezialisierung meist in Amerika, wobei jede Dienststelle sachlich von mehreren anderen abhängig ist. Es sieht z. B. unter einem Betriebsleiter hochqualifizierte Helfer für Unterrichtung und Anleitung, Maschinenausnutzung, Instandhaltung und Prüfung als sogenannte Funktionsmeister vor, wobei je nach Betriebsgröße unter Umständen 1 Funktionsmeister mehrere Spezialgebiete übernimmt. Dem Vorteil des kurzen Instanzenweges steht der Nachteil von Reibungsmöglichkeiten zwischen den Dienststellen gegenüber.

2. Menschenführung beruht auf innerer Überzeugung und Abhängigkeit. Sie setzt erworbene Autorität (lat. = Geltung, Ansehen) voraus und führt zu freiwilliger Unterordnung. Ihre Beziehungen können nicht wie bei der Leitung willkürlich hergestellt und beseitigt werden, sie liegen jenseits des Rechtsbereiches. Allgemein versteht man darunter die Aufgabe, die Anlagen der Menschen zu entwickeln, die Arbeitskraft so anzusetzen, daß sie zum bestmöglichen Arbeitserfolg führt, durch klare Anweisung und Aufklärung Verständnis für den Sinn der Arbeit zu erwecken, dem Gesundheitszustand und der Erhaltung der Schaffenskraft des Einzelnen die notwendige Beachtung zu schenken, die Leistung materiell und ideell anzuerkennen und gerecht zu werten, sorgender und helfender Kamerad, Vorbild in Haltung und Leistung zu sein. Führen heißt, den Anderen zum freiwilligen Folgen zu bringen unter Verantwortung für das Gestern, das Heute und Morgen, aber nicht nur im Sinne eines dem eigenen Betrieb zugewandten Patriarchalismus von gestern, sondern auch am wirtschaftlichen, politischen und kulturellen Bereich der Gesellschaft, des Staates. Das erstrebenswerte Ideal ist, die Leitungsstellen so mit vorbildlichen Persönlichkeiten zu besetzen, daß Führung und Leitung als dasselbe empfunden werden [*3*].

Leitbilder in der Industrie sind ERNST ABBE und ROBERT BOSCH mit ihrem Grundsatz: „Sei Mensch und ehre Menschenwürde". Man wird dann auch leichter verhindern, daß bei der Entwicklung von der handwerklichen Arbeit mit ihren geistigseelischen und physischen Beanspruchungen zur arbeitsteiligen Wirtschaft, in der man den Menschen als Spezialisten nur einseitig beansprucht, der Sinn der Arbeit nicht mehr erkannt wird und die seelischen Bereiche verkümmern, also das Empfinden zur negativen Grundstimmung des „Sichausgenutztfühlens" wird. Der Betrieb soll dem Menschen außer der *Existenzsicherung* auch durch konstitutionsgerechten Einsatz die Erfüllung seiner *Berufswünsche* und Aufstiegshoffnungen geben. Und nicht zuletzt durch *Persönlichkeitsanerkennung* seinem Prestigestreben entgegenkommen und so alle im seelischen Gefühls-, Empfindungs-, ja selbst Triebbereich, liegenden positiven Antriebsmomente zur erhöhten Leistungshergabe ausschöpfen. Bei allen diesen Bemühungen muß man aber die Realitäten des Existenzkampfes von Unternehmung und Einzelmensch nüchtern und klar erkennen, der trotz aller Mittel der Technik und Psychologie keine nur angenehme Angelegenheit bleibt. Schon das althochdeutsche Wort „arebeit", von dem unser heutiger Begriff „Arbeit" abgeleitet ist, bedeutet Kampf und damit sind die erreichbaren Grenzen des Wohlbefindens der in den Betrieben tätigen Menschen abgegrenzt. Der Produktionsprozess erfordert vielerlei Tätigkeiten. Der Mensch greift einmal direkt als *handwerkliche Arbeitskraft* ein, dann aber auch nur entscheidend, im Extrem als *Unternehmer*. Infolge andersartiger geistiger, psychischer und physischer Funktionen bei der Arbeitsausführung ergibt sich hier ein wesentlicher Gegensatz, ebenso wie aus dem *Ordnungszwang*, den der Leitungs- und Produktionsablauf zur Sicherung wirtschaftlicher Arbeit bedingt. Nicht zuletzt ergeben sich Gegensätze aus der soziologischen Schichtung der einzelnen Berufsstände (Arbeiter, Kaufleute, Techniker usw.), wie auch angenehme und unangenehme Ereignisse aus Familie, Gesellschaft, Politik in den Betrieb ausstrahlen. Um nun gewisse Grundregeln für das menschliche Zusammenleben in den Betrieben zu schaffen, griff der Gesetzgeber frühzeitig ein. Schon 1848 schlug der volkswirtschaftliche Ausschuß der verfassungsgebenden Nationalversammlung vor, in allen Betrieben einen wählbaren „Fabrikausschuß" zu bilden, was allerdings nicht Gesetzeskraft erlangte. Doch bereits 1891 wurde in einer Novelle zur Gewerbeordnung für alle Betriebe mit mehr als 20 Arbeitern eine Arbeitsordnung vorgeschrieben und 1905 in Preußen im Rahmen des Allgemeinen Berggesetzes die Errichtung einer Arbeitnehmervertretung verfügt. 1920 kam das Betriebsrätegesetz mit der Entsendung von Betriebsratsmitgliedern in den Aufsichtsrat. Verschiedene Arbeitszeit- und Schutzgesetze folgten und der rein materiellen Fundamentierung des Eigentumsrechtes im § 903 des BGB folgte die ethische Formulierung im Grundgesetz der Bundesrepublik Art. 14, Abs. 2 die ausführt, daß „Eigentum verpflichtet; sein Gebrauch soll zugleich dem Wohl der Allgemeinheit dienen". Das Betriebsverfassungsgesetz von 1952 brachte weitere Ansatzpunkte betrieblicher Sozialpolitik. In Manteltarifsfestlegungen der Sozialpartner, sowie in rechtlich nachgeordneten Betriebsvereinbarungen der Unternehmungsleitungen und Betriebsräte sind weitere Grundlagen der Verpflichtung, „vertrauensvoll und zum Wohle des Betriebes und seiner Arbeitnehmer unter Berücksichtigung des Gemeinwohls" zusammenzuarbeiten, niedergelegt. Neben diesen normativen Festlegungen bleibt aber die tägliche Aufgabe, die Partnerschaft der am Wirtschaftsprozeß beteiligten Menschen immer aufs neue zu praktizieren, wobei alle Mitarbeiter über die Notwendigkeit verschiedener Maßnahmen aufzuklären sind und der Mensch die Möglichkeit haben soll, durch Kontaktnahme mit seinem Nebenmann, mit der Gruppe und durch Wertung seitens seiner Vorgesetzten aus seiner Vereinsamung herauszutreten und seelische Verkrampfungen, die oft Krankheiten, Arbeitsunlust, Aufsässigkeit im Gefolge haben, zu lösen. Menschliche Beziehungen zwischen Arbeitern einer Werkstatt, zwischen größeren und kleineren Gruppen können durch Erziehung zum Gemeinschaftssinn und durch Verantwortungsübernahme erreicht werden. Besonders wichtig erscheint, sich menschlich etwaiger Unruhestifter anzunehmen, die oft nichts als nicht richtig eingesetzte, intelligente, aber irregeleitete Persönlichkeiten sind und an der richtigen Betriebsstelle oft sehr schnell positive Mitarbeiter werden.

B. Maßnahmen zur unmittelbaren Steigerung der menschlichen Leistungsfähigkeit

Zu den Bemühungen um den Menschen selbst zählen neben Auswahl, Ausbildung und Einarbeitung die fachliche Weiterbildung und persönliche Förderung.

3. Auswahl. Hauptaufgabe einer vernünftigen Personalpolitik ist, den rechten Mann an den richtigen Platz zu stellen. Dabei fällt der Berufs- und Eignungsprüfung [4] die Aufgabe zu, die Brauchbarkeit eines Bewerbers durch Vergleich seines Leistungs- und Persönlichkeitsbildes mit dem Eigenschafts- und Strukturbild der jeweiligen Arbeit festzustellen. Die Ausleseverfahren können dazu bei richtiger Anwendung wertvolle objektive Hilfen sein neben der aus einem reichen Erfahrungsschatz gewonnenen mehr subjektiven Menschenkenntnis des Personalleiters, Betriebsleiters oder Meisters.

a) Die sogenannten **Berufsbilder** können als Maßstab bei der Eignungsuntersuchung gelten. Arbeitsanalysen und psychologische Erhebungen geben dazu die Unterlagen. Das Bild einer Berufsanalyse zeigt Tab. 1, worin das Technische und Menschliche der Arbeitsvorgänge, die Umgebung, die Lebensbedingungen und die Anforderungen an den Menschen als Einflüsse beachtet sind. Neben diesen zu-

Tabelle 1. *Zusammenstellung der für Metallarbeiter erforderlichen Eigenschaften und Fähigkeiten*

Anforderungen: 0 keine besonderen, 1 mittlere, 2 hohe, 3 sehr hohe		Maschinenschlosser				Dreher	Modell-schlosser	Schmied	Kessel-schmied	Blech-schlosser	Fräser	Former	
		Montage	Werk-zeug	Anreißer	Detail							Lehm	Sand
Rein geistige Fähigkeiten	Schriftgewandheit . . .	1	0	0	0	0	0	0	0	0	0	0	0
	Rechnen	2	1	2	1	1	1	1	2	2	2	1	1
	Überlegen, techn. Denken	3	2	3	1	1	1	1	1	1	1	2	1
	Raumvorstellung . . .	2	1	2	1	0	2	1	2	1	0	3	2
	Merkfähigkeit, Erinnern	2	1	1	0	1	1	1	1	1	0	1	0
	Aufmerksamkeit . . .	3	3	3	1	1	1	1	1	1	1	2	2
	Auffassungsvermögen .	2	2	2	1	1	2	1	2	2	1	2	2
Geschick und Wille	Reaktionsfähigkeit . .	2	0	0	0	2		1	0	0	1	1	1
	Augenmaß	2	3	2	2	2	1	2	0	2	1	0	0
	Geschicklichkeit	3	3	1	1	2	2	2	0	1	1	1	1
	Tempo der Hantierungen	2	2	2	1	2	0	1	2	2	0	0	0
	Feingefühl, Tastgefühl .	3	2	3	1	0	0	0	0	1	0	0	0
Körperl. Eigenschaften	Körperliche Kraft . . .	2	0	0	1	1	1	3	1	2	0	1	1
	Ausdauer	2	0	0	2	1	1	3	1	3	0	0	0
	Gewisse Unempfindlichkeit gegen:	Schwindel						Hitze	Ge-räusche		Hitze		Hitze Staub

sammenfassenden Merkmalen zeigt die analytische Arbeitsbewertung ein Bild der Anforderungen, die eine bestimmte Arbeit an den Ausführenden stellt (vgl. Abb. 16, S. 26). Da bei der Erfüllung der Forderung nach rationellster Arbeitsweise Meister und Vorarbeiter nicht nur Sprachrohr, sondern diejenigen sind, die ihre Verwirklichung durchsetzen müssen, ein kurzes Wort zu ihrer Berufsanalyse: Es besteht kein Zweifel, daß hier nicht nur fachliche Anforderungen gestellt werden. Besonders wichtig sind für diese Kräfte auch die Kunst der Menschenkenntnis und Menschenbehandlung sowie Dispositions- und Lehrvermögen, nebst Erfahrungen in der Arbeitsorganisation.

b) Leistungs- und Persönlichkeitsbilder. Als Kennzeichen für den Menschen selbst gelten Erbwerte, Lebens- und Arbeitsschicksale, Ausdruckverhalten der Gesamtpersönlichkeit, Physiognomie und Mimik. Man gewinnt sie ferner durch Schriftbewertung, Leistungs- und Verhaltensproben. Durch psychologische Beurteilung der Leistungs- und Persönlichkeitsbilder erkennt man die „Eignung" und macht sie zur Grundlage der Berufswahl oder Arbeitszuteilung.

Beschaffung der Unterlagen: Unmittelbare Verfahren suchen auf Grund von Prüfleistungen und durch Beobachtung während der Untersuchung ein Bild der Anlagen zu gewinnen; die *mittelbaren Verfahren* benutzen Zeugnisse (Bildung, Werdegang) sowie Angaben über das Berufs- und Lebensschicksal (beruflicher Aufstieg, Stetigkeit, Wanderschaft, Beständigkeit, Konfliktneigung usw.). Die unmittelbaren Prüfverfahren gliedern sich in Zeit-, Anlern- und Funktionsproben.

Zeitproben stellen erstens den Zeitwert einfachster Fähigkeitsleistungen oder gewöhnlicher produktiver Arbeit bei verschiedener Ausführungsgüte rein als physikalische Größe fest. Zweitens ist die Zeit aber auch ein Schlüssel, die Schnelligkeit einer Person nicht nur auf einem bestimmten Tätigkeitsgebiet, sondern in der gesamten geistigen, seelischen und charakterlichen Haltung zu bestimmen. Sie wird dann Kennzeichen eines Verhaltungstyps, bei dem alles Geschehen gegebenenfalls schnell entsteht, vollzogen wird und abklingt. Mit der Schnelligkeit kann sowohl Sorgfalt als auch Oberflächlichkeit verbunden sein, so daß 4 Typen entstehen: 1. Schnell und sorgfältig, 2. schnell und oberflächlich, 3. langsam und sorgfältig, 4. langsam und oberflächlich.

Durch *Anlern- und Lehrproben* sucht man die intellektuelle und manuelle Anstelligkeit zu prüfen. Dabei werden die für den zu untersuchenden Beruf kennzeichnenden Arbeitsarten hervorgehoben. Geschicklichkeitsuntersuchungen — Handfertigkeitsproben — mittels Drähten, Papier und Zweihandprüfer zum Nachbilden und Zeichnen zwei- und dreidimensionaler Vorlagen, Einsetzen von Schrauben in verschiedene Gewindelöcher, Kugelsortieren usw. spiegeln neben der Art des Arbeitsablaufes gleichzeitig auch die Eigenart des die Arbeit ausführenden Menschen wider. Bei mehr wahrnehmungsbetonter Arbeit werden an wirklichkeitsnahen Apparaten, z. B. Einstellgeräten, Passungsprüfern oder Meßgeräten, Augenmaß, Tastsinn und Gelenkarbeit festgestellt und unter Bedingungsabwandlung (Arbeitslage, Ablenkung usw.) auch die Anstelligkeit, Arbeitslust und -willigkeit, Bereitschaft und Eifer durch Einfühlung zu erkennen gesucht. Aber auch reine Anlernproben (Abb. 3) ermöglichen an Hand von Erfahrungswerten und Häufigkeitskurven teils quantitativ, teils qualitativ eine Wertung der Persönlichkeit.

Bei *Funktionsproben* erfaßt man die Anlagen zu gutem Arbeitserfolg wie Handgeschicklichkeit, praktische Intelligenz (Lückentest), sprachliche Gewandheit, Aufmerksamkeit, Sorgfalt (Listen-Vergleichstest), Reaktionseigenschaften je nach den Anforderungen der geplanten Arbeit. Das Gedächtnis wird dabei geprüft durch Wiederholen schwieriger Aufträge, Lernen, Behalten und Wiedergeben logischen Gedächtnisstoffes nach dem Stichwortprinzip.

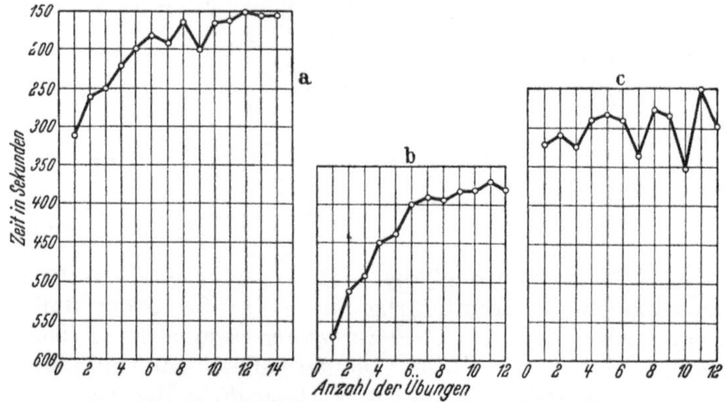

Abb. 3a—c. Ergebnisse einer Geschicklichkeits-Anlernprobe
a) Prüfling geschickt, ausdauernd; die Beobachtung ergibt, daß sein persönliches Verhalten günstig auf seine Mitarbeiter wirkt; b) Prüfling weniger geschickt, jedoch zäh, ehrgeizig, mit größeren Übungszeiten bei geringeren Schwankungen; c) Prüfling anstellig, wenig ausdauernd mit starken Schwankungen; bei Nr. 7: Ermahnung, bei Nr. *10*: Ende in Aussicht gestellt; das Beobachtungsergebnis deutet auf wenig Ehrgeiz hin: Prüfling will keine Schwierigkeiten überwinden

Dabei ist bezüglich des Gedächtnisses als seelischer Fähigkeit, Bewußtseinsinhalte zu behalten und zu reproduzieren, zwischen einem leichten, dienstbaren, treuen, dauerhaften und einem schlechten, schwer ansprechbaren, lückenhaften und unverläßlichen Gedächtnis zu unterscheiden. Die Gedächtnisfähigkeit ist je nach Alter, Geschlecht, Anlage und dem augenblicklichen Körperzustand (Ernährung usw.) sehr verschieden. Das Einprägen ist noch sehr stark von den Gedächtnistypen abhängig, von denen man visuelle, auditive (automatisches Behalten) und analytisch-associative (nachdenkendes Erfassen) unterscheidet. Aber auch der Rhythmus der Aufnahme und der Wiederholung, die Tageszeit (vormittags und abends am besten), sowie Reizmittel (mäßiger Kaffee-, Nikotin-, Tee- und Alkoholgenuß) beeinflussen die Lernfähigkeit. Nicht übersehen darf man, daß die mit dem Gedächtnis zusammenhängenden Vorstellungen, als vergegenwärtigte Wahrnehmungen von Seh-, Hör- und Bewegungsvorgängen, auslösend beeinflußbar sind und daß angenehme Erinnerungsbilder im Vorstellungskomplex weiter zurückliegender Epochen überwiegen, Vorstellungen nie mit den ursprünglichen Wahrnehmungen identisch sind, sondern je nach dem Menschentyp (Phantasiereichtum) schöpferisch immer wieder in neuartigen Zusammenstellungen auftauchen und wiederholte Vorstellungen im Unterbewußtsein gewisse unauslöschbare Spuren-Dispositionen hinterlassen. Das Auftauchen über die Bewußtseinsschwelle kann auf ursächlichen und ähnlichkeitsbedingten Beziehungen zwischen Vorstellungsinhalten — Assoziationen — beruhen. Geprüft wird die individuelle Gedächtnisleistung durch Prüfverfahren (Test's), über die Charakteranlagen — Gefühl, Selbstgefühl, Willensbildung — des Menschen wird dadurch aber nichts ausgesagt. Begriffliche Fähigkeiten werden durch Sinnfestlegung von Sprichwörtern, Auffassungsproben, Brauchbarkeitsbeurteilungen erfaßt.

Arbeits- und Eignungsproben sollen möglichst Meßziffern bzw. Intensitätsmerkmale, wie z. B. in Abb. 4, liefern, doch ist neben der Meßzahl stets auch das allgemeine Ergebnis der Beobachtung während des Versuchs wichtig.

Typenlehre. Immer mehr geht man jedoch dazu über, das *Persönlichkeitsbild* des Menschen zu erforschen, weil es zur Beurteilung wichtiger ist als das reine Leistungsbild. Man versucht dabei, zuerst einmal charakteristische Formen, die einer Gruppe von Menschen eigentümlich sind, unter einem „Typus" zusammenzufassen. Der einzelne Mensch paßt dann nicht immer in diese Haupttypen, es gibt Zwischenformen. Dabei unterscheidet man nach dem gefühls-mäßig begründeten Verhalten des Menschen seit der Lehre des HIPPOKRATES (griechischer Arzt 400 v. Chr.):

Choleriker: heftig, leidenschaftlich, gemüts-tief, tatkräftig, leicht ansprechbar (Feuer),
Phlegmatiker: gleichgültig, kaltblütig, schwer ansprechbar, langsam (Wasser),
Sanguiniker: schnell erregbar, leichtsinnig, oberflächlich (Luft),
Melancholiker: schwermütig, verschlossen, Eindrücke wirken lange nach (Erde).

Die *Konstitutionslehre* [5], die die Bezie-hungen zwischen Körperbau und ererbter An-lage oder seelischer Ansprechbarkeit, dem Temperament, untersucht, unterscheidet zu-erst einmal zwischen kreismütiger Seelenlage (Zyklothymiker), die durch immer wiederkehren-des Auf und Ab von heiteren und traurigen Stimmungen gekennzeichnet ist, und dem gegen-sätzlichen, gespaltenen Seelenleben (Schizothymiker). Ferner wird der Typus des Körper-baues laut Tab. 2 entsprechend zugeordnet. Schon NAPOLEON beförderte nur Soldaten mit großen Nasen (Pos. 3 in Tab. 2), und auch im Volksmund kommt die physiognomische Er-

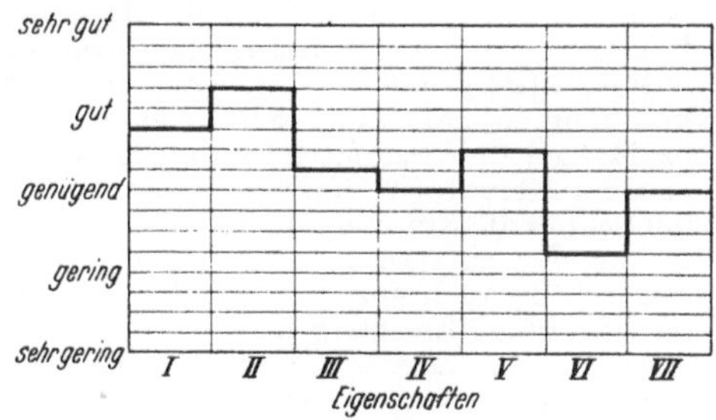

Abb. 4. Psychotechnische Eigenschaftskurve zur Festlegung der Ergebnisse

Tabelle 2. *Zusammenhang zwischen Körperbau und Temperament* (nach KRETSCHMER)

		Körperbau, Typus	Lebenseinstellung	
1	Mann	Pyknischer Typ: Weichheit der Formen, Fettansatz in Bauchgegend, klein bis mittlere Größe, kurzer Hals, Haut leicht gerötet, zartknochig	Gemütsmensch, anpassungsfähig, von auf-geschlossenem, geselligem, gutherzigem, natürlichem Wesen (Zyklothymiker). Unterschieden wird weiter der mehr bewegliche, geschäftige, optimistische und der schwerblütige, tief erregbare, mehr pessimistischer Typ	mehr unter-nehmend-heiter
	Frau	Wie oben: dicklich	Gute Mutter und Frau, natürlich, genuß-froh, harmonisch, anpassungsfähig	mehr behäbig, schwerblütig und traurig
2	Mann	Leptosomer Typ: mager, sehnig und schlank, dünne Arme und Beine, langer Hals, langer spitzer Kopf, hageres scharfes Gesicht, fahle Haut	Gedankenmensch: neigt zum Insichhin-einleben, wirklichkeitsfremde Traum-Prinzipienwelt, Theoretiker, Ästhet, Phantast, innere Konflikte (Schizothy-miker)	mehr emp-findlich
	Frau	Wie oben, oft kleinwüchsig	geistige Interessen, ironisch sehr regsam	mehr kühler
3	Mann	Athletischer Typ: Muskulatur u. Knochen-system kräftig, meist mittelgroß, breit-schultrig, kurze Arme und Beine, große Hände u. Füße, derbes Gesicht, stumpfe Nase, vorspringendes Kinn	Tatmenschen, rücksichtsloser, zäher Wille, Ehrgeiz und Machtwille (Schizothy-miker)	mehr beharrlich
	Frau	Wie oben, häufig reichlicher Fettansatz.	Ehrgeiz, tatkräftig, Sportlerin, Frauen-führerin.	

Mischtypen 1 + 3: soziales Empfinden, Gemüt, große Arbeitskraft und bedächtiger Wagemut.
„ 2 + 3: tatkräftiger, aber innerlich unruhiger, ehrgeiziger Mensch.
„ 1 + 2: viele Spielarten.

kenntnis des Zusammenhangs zwischen breitem Nasenrücken und Tatmenschen zum Aus-druck. Der Schweizer C. G. JUNG unterscheidet seine Einstellungstypen nach ihrem Ver-halten zur Umwelt in nach außen gewendete „Extravertierte" und die in sich gekehrten, oft übermäßig mit dem eigenem Ich beschäftigten „Introvertierten". Ersterer ist aktiver, leb-hafter, kontaktfähiger und meist auch lebensgewandter und damit auch erfolgreicher als der mehr passive, entschlußlose, ein einsames Leben lebende Introvertierte. Außer Mischtypen kann sich der Typ selbst im Laufe der verschiedenen Lebensphasen in gewissem Sinne ändern.

Die *Ausdruckslehre* [6] versucht von den Ausdrucksbewegungen des Menschen her seinen Charakter zu deuten, da jeder Seelenvorgang von analogen Körperbewegungen be-gleitet ist. Ausdrucksbewegungen finden sich in der Handschrift, Sprache, Gesichtsbewegung

(Mimik), in der Körperbewegung und Geste (Pantomimik), auch in der Kleidung (Mode). In der Bewegung kommt dabei einmal ein bestimmter Zweck (Arbeitsleistung oder Mitteilung) zum Ausdruck und zweitens ein seelisches Erlebnis, das die Willenshandlung auslöste. Die Ausdruckslehre muß also das Darstellungskennzeichen, das Symbol, vom Darstellungsinhalt trennen und allein vom Symbol auf das Seelische schließen. So läßt der Schreibausdruck, wie er sich in Form und Richtung offenbart, Rückschlüsse auf den Charakter zu (Graphologie — nach dem französischen Arzt MICHON), wobei das sogenannte Gesetz der Doppeldeutigkeit (Polarität = Mangel oder Fülle der Seelenkraft) maßgebend ist. Die Schriftbewegung kann einmal aus der Stärke eines Antriebserlebnisses hervorgehen, ein anderes Mal auf dem Mangel an bestimmten Hemmungen beruhen, also negativen Charakter haben. Zuerst muß der Gesamteindruck erfaßt und dann müssen alle Einzelheiten beobachtet und analysiert, zum Schluß die Einzelergebnisse zusammengestellt und Doppeldeutigkeiten durch Zusammenfassung der entsprechenden seelischen Eigenschaften in genauer Abwägung ausgemerzt werden [7]. Auch aus der Sprache offenbart sich der Wesenszug des Menschen, allerdings erst bei großer Erregung wird sie reiner Gefühlsausdruck. Aus Stimmhöhe und -stärke ist Abweisung, Distanzierung oder Zuneigung herauszuhören, aus den Mundarten spricht die Gemütsseite, besondere Betonung und Wortwahl verraten das Temperament. Auch Körperbewegung, Körperhaltung, Gang und Gesten lassen sich bestimmten Seelenbewegungen zuordnen. Im Blick, in der Bewegung des Mundes, der Arme und Beine, des Rumpfes drücken die Urgesten „Herab" Niedergeschlagenheit, tiefe Traurigkeit und „Empor" Gehobenheit, Hochstimmung, Selbsterhöhung aus. „Gegen" läßt auf Abwehr oder Angriff und Feindschaft, „Hinzu" auf Sympathie, Gemeinschaft schließen. Verstellung hat dabei allgemein eine Überbetonung des beabsichtigten (unrechten) Ausducks zur Folge. Neben den Richtungseigenschaften zeigen noch die Formen des Verhaltens, Dynamik (heftig — schwächlich), Temperament (flüchtig — schwerfällig), Rhythmik (gleichmäßig — ungleichmäßig), Figuration (einfach — gespreizt), nicht nur augenblickliche Stimmungen, sondern dauernde Seelenzustände an. Bei der Kleidung zeigt sich ebenfalls außer der Aufgabe zum Schutz und zur Kennzeichnung das Selbstbewußtsein oder die Selbstherabsetzung.

Wesentlich ist, daß das *ganze* Gebaren des Menschen herangezogen wird und nicht nur *eine* Ausdrucksform zur Beurteilung dient, daß man sich auch hier der Grenzen jeder Beurteilung bewußt bleibt. Weder Erfahrung noch Sonderbegabung noch Geisteskrankheiten können hier ermittelt werden.

In neuerer Zeit wurden für die ganzheitliche Persönlichkeitsforschung eine Reihe von Untersuchungsmethoden [8] entwickelt, die nur auf freiwilliger Basis angewendet werden dürfen und deren Auswertung einem Fachpsychologen vorbehalten bleibt. Am bekanntesten sind der ROHRSCHACH-Versuch (in Klecksbilder mit vielerlei Deutungsmöglichkeit sieht der Untersuchte Gebilde hinein, die einen Schluß auf seine subjektive Erlebnisweise und Phantasie zulassen), der Apperzeptions-Test nach MURRAY, der Auffassungs-Test nach VETTER u. a. m. Der WARTEGG-Test, der an Hand von angefangenen Zeichnungen Phantasie bzw. Einfallreichtum, Erlebnis- und Vorstellungswelt usw. prüft, kann noch am ehesten vom Betriebspraktiker verwendet werden.

Nur eine betriebsnahe, vollständige Eignungsuntersuchung, die psychotechnische Tests, Konstitutions- und Ausdruckslehre berücksichtigt, kann die Gewähr für einen über dem Durchschnitt liegenden Erfolg geben. Hierbei sind selbstverständlich auch an die Beurteiler selbst hohe Anforderungen in bezug auf Persönlichkeit (schon über dem Orakel zu Delphi stand der Spruch: „Erkenne dich selbst"), Geistes- und Fachwissen, sowie psychologisches Geschick zu stellen. Für *Lehrlinge* sollen die Ergebnisse der Betriebseignungsprüfung mit den Feststellungen des Berufsberatungsamtes verglichen werden. Für geistige Berufe ist das Urteil mehrerer leitender Persönlichkeiten zusammen auszuwerten.

4. Die Ausbildung steigert das physische und psychische Leistungsvermögen des Gesamtkörpers wie einzelner Muskelgruppen, und entwickelt geistige und charakterliche Anlagen. Sie vermittelt weiter arbeitsnotwendige Erfahrungen, die man von der Person des Arbeitenden oder vom Gegenstand der Arbeit aus bewerten kann. Immer aber ist dabei, wie in der gesamten Berufserziehung, Vorbedingung für den Erfolg die Eignung des Menschen, die ihm von Natur aus gegeben ist.

Neben der praktischen, immer betriebsbedingten Ausbildung in hellen, luftigen und geräumigen Lehrwerkstätten mit sauberen Arbeitsplätzen läuft die theoretische in der Werkschule, die bei einer genügenden Zahl von Lehrlingen und Anlernlingen immer anzustreben ist, da dort die Ausbildung wesentlich sorgfältiger gestaltet werden kann als in der allgemeinen Berufsschule. Neben die Bemühungen um die Berufsausbildung haben auch die um die Entfaltung der menschlichen Persönlichkeit zu treten.

5. Das Einarbeiten (Anlernen), immer dort erforderlich, wo der Arbeitsplatz oder die Aufgaben wechseln und wo einfachere Arbeiten von angelernten Kräften ausgeführt werden, erfolgt im Großbetrieb in eigenen Abteilungen, im Kleinbetrieb zumindest in einer ruhigen Ecke. Hierbei ist besonders auf Sparsamkeit mit allen Werkstoffen und Betriebsmitteln, richtige Pflege von Maschinen und Einrichtungen, auf Pünktlichkeit im Dienst und nicht zuletzt auf guten persönlichen Kontakt mit den Mitarbeitern hinzuweisen.

a) Arbeitsunterweisung nach Refa [9] (vgl. Abschn. 12). Da die vorgeplante Arbeitsweise und die Arbeitszeit nur bei richtiger Anweisung eingehalten wird und der Arbeitausführende eine Umstellung nur in Kauf nimmt, wenn Arbeitserleichterungen oder höherer Verdienst sichtbar sind, ist laufendes planmäßiges Unterweisen (Anlernen, Einarbeiten) unumgänglich. Es erfolgt in mehreren Stufen:

Zuerst durch *Einführen*, um dem Neuling die Befangenheit zu nehmen und ihn mit Arbeitsverhältnissen, Mitarbeitern und Unfallgefahren vertraut zu machen; durch ruhiges, ausführliches Erläutern und *Zeigen*, auch abschnittsweises *Vormachen* unter Pauseneinschaltung, wird der Lernende dann unter *Anleitung* zum Nachmachen der Arbeitsweise gebracht. Unter *Erklärung* der Nachteile falscher Griffe muß er schließlich *üben*, um den Erfolg der Arbeit zu sichern.

b) Anleitung nach TWI. Das amerikanische TWI-System (Training Within Industrie) hat leicht faßliche Regeln in der sogenannten 4-Stufen-Methode entwickelt:

I. Stufe: Vorbereiten des Arbeiters, Befangenheit nehmen, Vorkenntnisse feststellen, Interesse wecken, orientieren.

II. Stufe: Vorführen des Arbeitsvorganges. Sagen, zeigen, erklären (was, wie, warum), Kernpunkte betonen, d. h. Teilvorgänge schlagwortartig benennen und einprägen lassen.

III. Stufe: Ausführen durch Arbeiter. Versuchen lassen, Fehler erklären und verbessern, Kernpunkte während der Ausführung wiederholen lassen.

IV. Stufe: Abschluß. Allein machen lassen. Sagen, wer helfen kann. Nachprüfen und zu Fragen ermutigen. Unterweisung allmählich auslaufen lassen.

Wesentlich erscheint noch, daß all diese Bemühungen immer durch einen *Unterweisungsplan* ergänzt werden, der möglichst für alle Arbeiten schwieriger Art aufzustellen ist.

6. Die fachliche Weiterbildung soll „Einseitigkeiten" vermeiden, da sich das Arbeitsleben ständig ändert und einseitige Tätigkeit in der Regel ein Absinken der Leistungsfähigkeit auf körperlichem und geistigem Gebiet zur Folge hat. Mittel sind Schriften, Wechselreden, Besichtigungen, sorgfältig zusammengestellte Werkbüchereien.

7. Die persönliche Pflege (Wohlfahrtspflege) soll sich auch in verständnisvollem Rahmen mit dem Privatleben befassen, denn der Mensch und seine Arbeitskraft sind das wertvollste Gut eines Betriebes.

Über Arbeitsraum- und Arbeitsplatzgestaltung wurde bereits in Heft 99 das Wesentliche gesagt. Hier sei noch besonders auf die Gestaltung der Industriebauten und Anlagen als Lebensraum gemeinsam arbeitender Menschen hingewiesen. Auch die Schaffung von Aufenthalts-, Umkleide- und Waschräumen (Abb. 5 u. 6), Bädern, Abortanlagen, Verbandräumen, ärztlichem Bereitschaftsdienst, fällt hierher. Grünflächen im Werkhof als Ruhe- und Erholungsplatz sollen das Auge erfreuen und einen überdeckten Gang oder Pavillon haben, damit die Belegschaft auch an regnerischen Tagen die Pausen in frischer Luft verbringen kann. Da sich die regelmäßige Einnahme eines gut zubereiteten, warmen Mittagsmahles auch auf die körperliche Leistungsfähigkeit und Spannkraft in sehr eindeutiger Weise auswirkt, sind Werksküchen mit angeschlossenen freundlichen Speiseräumen immer dort zu empfehlen, wo die Gefolgschaft infolge kurzer Pausen oder langer Anmarschwege nicht zu Hause essen kann. Zu warnen ist vor Massenabfütterungen; auch das Auge soll mit teilhaben und sich am Essen erfreuen, abgesehen von den oft auftretenden nervösen Magenleiden, wenn das Essen zu schnell eingenommen wird.

Weiter bezieht sich die Wohlfahrtspflege auf die Wiederherstellung verminderter Arbeitskraft — Erholungs- und Urlaubsheime, Krankenanstalten, Unterstützungskassen, Werkspflegerinnen — und die Hebung der seelischen Kräfte sowie Förderung der Betriebsgemeinschaft. Dazu dienen die Werkszeitung, kulturelle Veranstaltungen, Studienfahrten, Kameradschaftsfeiern und besondere Ausgestaltung der Betriebsjubiläen. Nicht zu vergessen die Unterstützungen bei Eheschließungen, Wöchnerinnenhilfe, Kinderbetreuung, Hilfe bei Wohnungsbeschaffung, Pensionskassen, Unterstützungen und Schaffung zusätzlicher Verdienstmöglichkeiten für Altersrentner, Kriegs- und Arbeitsinvaliden. Mit allen diesen Maßnahmen soll sich das Unternehmen neben der Sympathie seiner Kunden und Lieferanten nicht zuletzt die seiner Arbeitnehmer sichern und so Höchstleistungen nach allen Seiten erreichen.

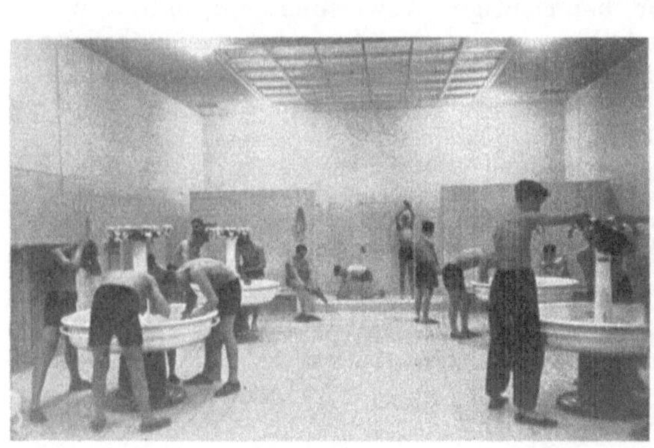

Abb. 5   Abb. 6
Abb. 5. u. 6. Vorbildliche Wasch- und Umkleideräume bringen Sauberkeit und Ordnung

8. Unfallverhütung. Die Tätigkeit des Menschen im Betriebe soll vor Störungen sicher sein. Auch soll seine Arbeitskraft ungeschmälert lange erhalten bleiben und ihm ein ruhiger und gesunder Lebensabend beschieden sein. Gefahren drohen in Form von Unfällen und Berufskrankheiten. Als Mittel der Unfallverhütung kommen vorbeugende Maßnahmen und Erziehung mit Belehrung und Aufklärung in Frage [*10*].

II. Arbeitszeit, Lohn und Gehalt

Im Mittelpunkt des Betriebslebens steht der arbeitende Mensch, der nicht wie eine Maschine pausenlos durcharbeiten kann. Die Aufgliederung der Zeit, vom Menschen aus betrachtet, zeigt Tab. 3: Die Tätigkeitszeit, in der eine angemessene Leistung erwartet wird, und die Ruhezeit müssen im entsprechenden Verhältnis bleiben. Ein Urteil über die Leistung setzt die Kenntnis der physiologischen und psychologischen Bedingungen voraus und kann daher keine exakte Messung sein,

Tabelle 3. *Zeitaufteilung*

Arbeiter im Betrieb					nicht im Betrieb	
Tätigkeitszeit		Ruhezeit				
Handzeit	Überwachungs- zeit körperlich-geistig	Arbeits- ablauf- bedingte Wartezeit	durch Störungen	Erho- lungs- zeit	Zeiten für vermeidbare Untätigkeit	Wegzeit	Freizeit

wie bei Maschinenarbeiten, sondern nur ein Abwägen der äußerlich erkennbaren Leistungsmerkmale. Es handelt sich dabei um den „Einsatz" (Intensität der Arbeit), erfaßbar aus der Bewegungsgeschwindigkeit und Kraftanspannung und der „Wirksamkeit" des Arbeitsvollzuges als Entfaltung des Könnens, das durch unzureichende Eignung, mangelnde Übung und Erfahrung, Ermüdung, Verstimmung oder gesundheitliche Störungen beeinträchtigt sein kann.

A. Lohnformen

Der Lohn wird als Entgelt für geleistete unselbständige Arbeit durch *tarifliche Vereinbarungen* in seiner Mindesthöhe festgelegt. Man unterscheidet zwischen Zeitlohn, der ohne unmittelbare Beziehung zur Leistung, nur auf Grund der nachgewiesenen Anwesenheitszeit, gezahlt wird, und Leistungslohn (Akkordlohn, Gedingelohn), der abhängig ist von der Leistung in Stück, kg, m usw.; außerdem gibt es Zwischenstufen. Der Ergebnislohn (Gewinnbeteiligung) der sich aus dem Kosten darstellenden Tariflohn (Zeit- oder Leistungslohn) und der in der Regel am Ende des Geschäftsjahres zusätzlich ausgezahlten Gewinnbeteiligung zusammensetzt, wird wegen seiner umstrittenen Höhe hier nicht behandelt.

9. Zeit- oder Festlohn. Der Zeitgrundlohn steht zwar nicht direkt mit der Leistung als unmittelbares Ergebnis einer Arbeit, ausgedrückt in Einheiten z. B. Stück, Kilogramm, Längen- oder Raumeinheiten usw., in Verbindung, setzt aber doch eine Leistungshergabe des Arbeitenden unter angemessener Anspannung der körper‑ lichen und geistigen Kräfte und seiner Fähigkeiten voraus. Er wird dann gewährt, wenn die Arbeit ihrer Güte nach Vertrauenssache oder die Mengenleistung nicht als Maßstab für die Entlohnung geeignet, also z. B. nach Art und Umfang nicht scharf abgrenzbar und ungleichartig ist, oder wenn es sich um den Umgang mit gefährlichen Stoffen handelt. Wo ganz verschiedenartige Einzelleistungen mit immerwährenden Unterbrechungen verlangt werden — Reparaturbetrieb — oder wo ein Druck auf die Mengenleistung die Güte der Arbeit bedroht, wird man ebenfalls beim Zeitlohn verbleiben, meist mit Zulagen zum Ausgleich gegenüber dem höheren Verdienst der Akkordarbeiter. Den Zusammenhang zwi‑

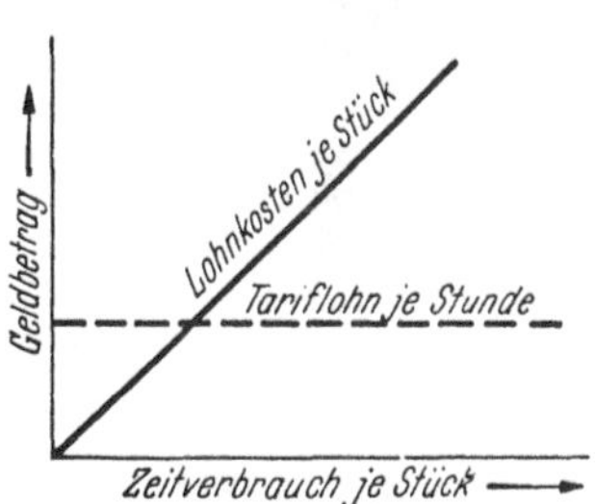

Abb. 7. Lohnkosten je Stück und Tariflohn je Stunde beim Zeitlohnsystem

schen dem Lohnbetrag je Stück und der verbrauchten Zeit beim festen Stundenlohn zeigt Abb. 7. Der Lohnbetrag wird einfach durch Malnehmen der in einem bestimmten Zeitraum verfahrenen Arbeitsstunden mit dem tariflich festgelegten Stundenlohn berechnet.

10. Leistungslohn [11]. Der *reine Akkordlohn* setzt einen unmittelbaren Zusammenhang zwischen persönlicher Leistung und Vergütung, ferner eine Bindung an einen klar umrissenen Arbeitsauftrag voraus. Bei dem in Deutschland tariflich vereinbartem Akkordlohn verläuft die Vergütung zur Leistung in jedem Punkte proportional und der Lohn wird durch Malnehmen der Auftragszeit (Vorgabe) mit dem der Arbeit entsprechenden Geldfaktor (Akkordrichtsatz) ohne Rücksicht auf die tatsächlich verbrauchte Zeit berechnet.

a) Akkordlohn. Beim Akkordlohn soll die Arbeit in dem Sinne *akkordfähig* sein, daß ein zeitlich und inhaltlich erfaßbarer Arbeitsablauf vorliegt, ferner daß die Meßbarkeit des Leistungsergebnisses unter wirtschaftlich tragbarem Aufwand erfolgen kann und daß die Arbeit den Umständen entsprechend bestens gestaltet ist. Nicht zuletzt muß bei der Vorgabezeitbestimmung die sogenannte arbeitsnotwendige Zeit der Normalleistung als der menschlichen Leistung entsprechen, die von jedem hinreichend geeignetem Arbeitnehmer nach genügender Übung und ausreichender Einarbeitung ohne Gesundheitsschädigung auf die Dauer erreicht werden kann. Selbstverständlich brauchen Auftrag und Leistung nicht als *Einzelakkord* auf eine Person bezogen zu sein, sie können auch Gruppen von Personen als *Gruppenakkord* umfassen.

b) Prämienlohn. Durch die fortschreitende Mechanisierung wird die Einflußnahme des Arbeiters auf die Mengenergebnisse oft gering. Um so wichtiger werden sorgfältige Bedienung bzw. Überwachung, Beobachtung der Arbeitsabläufe, Maschinenausnutzung, Materialausnutzung, Güte der Fabrikate usw. Sie werden als Prämienmerkmale beim *Prämienlohn* meist zusätzlich zum durch Tarifvertrag garantierten Zeitlohn (Zusatzprämie) entlohnt

(Abb. 8) und man spricht dann speziell von Güte-, Ersparnis-, Termin-, Nutzungs-, Sorgfalt-prämien. Wesentlich bleibt dabei die Überlegung, welche Höhe der Vergütung genügend Anreiz zur erstrebten Mehrleistung in Form von Menge, Güte, Auslastung usw. bietet und bei welcher Höhe unerwünschte andere Wirkungen — z. B. Forcierung auf Kosten der Qualität. Überlastung von Maschinen und damit Erhöhung der Reparaturkosten, Schädigung von Gesundheit usw. befürchtet werden müssen. Beim Prämienlohn muß also zur Kontrolle auch wie beim Akkordlohn die zeitliche und inhaltliche Erfaßbarkeit des Arbeitsvorganges, die Meßbarkeit des Ergebnisses gegeben und die normal zu erwartende Leistungshergabe der arbeitenden Menschen bekannt sein.

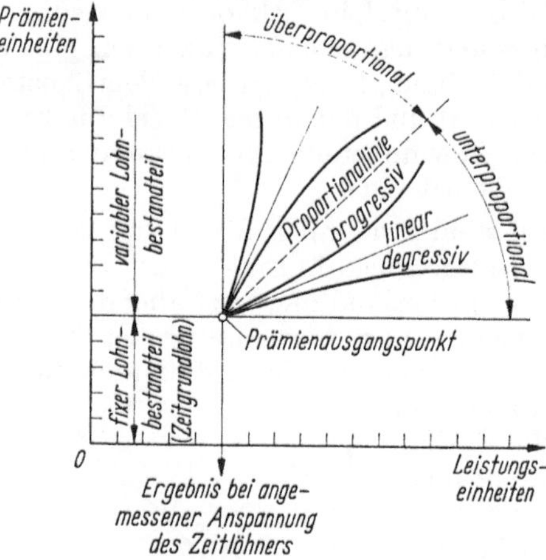

Abb. 8. Verschiedene Möglichkeiten der Gestaltung des Prämienlohnes, wobei der Verlauf der Prämie nicht nur in einer Geraden oder Kurve sondern auch gestuft usw. erfolgen kann

B. Ermittlung der Arbeitsbestform und der Arbeitszeit

Die Zunahme der Zahl der Menschen (um 1900 rd. 1,5, heute bald 3 Milliarden) und des Bedarfs jedes Einzelnen bei gleichzeitigem Streben nach Erleichterung und Verkürzung der Arbeitszeit machen die Umgestaltung der industriellen Arbeit notwendig. TAYLOR verlangte schon 1911 in seinen „Grundsätzen wissenschaftlicher Betriebsführung" die Sammlung und Sichtung von Arbeitsunterlagen aus dem Betrieb und ihre Vorplanung in einem Arbeitsbüro. Sein Mitarbeiter GILBRETH sucht über den wissenschaftlich geschulten Ingenieur mit Hilfe von Zeit- und Bewegungsstudien die günstigste Form der Arbeit zu finden. HENRY FORD bemühte sich, Verluste zwischen und während der Arbeit auszuschalten, und in Deutschland griff 1924 der „Reichsausschuß für Arbeitsstudien[1] (Refa)" das Problem wirtschaftlicher Betriebsarbeit mit dem Ziel der Arbeitsbestgestaltung und des gerechten Lohnes durch Einführung des Zeitakkordes auf. RKW[2] und AWF[3] schalteteten sich mit Gemeinschaftsveröffentlichungen ein. Alle diese Bemühungen haben letzthin das oben angedeutete gleiche Ziel, das unermüdliche Kleinarbeit in jeder Volkswirtschaft unter Berücksichtigung der besonderen Eigenheiten notwendig macht und die der spanische Philosoph ORTEGA Y GASSETT mit den Worten kennzeichnet: „Technik ist die Anstrengung, Anstrengungen zu vermeiden."

Der gesamte Arbeitsablauf, im Sinne der Bestgestaltung geordnet, erstreckt sich auf

das *Erzeugnis:* Funktion, Stoff- und Kraftaufwand, für die Fertigung günstigste Konstruktion;

die *Arbeitsverfahren:* wirtschaftlicher Verfahrenseinsatz, Einzel-, Reihen- oder Fließfertigung, wobei im letzten Fall aus psychologischen Gründen die Unterteilung der Arbeit in Teilverrichtungen nicht zu weit getrieben werden soll. Sonst verliert die Arbeit ihren tieferen Sinn und die Arbeitsmoral nimmt ab, der arbeitende Mensch fühlt sich nicht mit seiner Tätigkeit verbunden, jedes Leistungsstreben entfällt;

die *Betriebsmittel:* günstigster Maschinen-, Anlagen-, Vorrichtungs-, Werkzeug- und Meßgeräteeinsatz. Raumgestaltung und Geometrie des Arbeitsplatzes, wie richtige Arbeitshöhe und Lage der zu bedienenden Griffe, Anordnung der Behälter für Werkzeuge und Werkstücke so, daß die energetischen und bewegungsmechanischen Bedingungen für den Menschen ein Maximum an Sachleistungen mit einem Minimum an Kraft- und Aufmerksamkeitsaufwand ermöglichen;

---

[1] Heute „Verband für Arbeitsstudien — Refa e. V.", Darmstadt, Holzhofallee 35. — Veröffentlichungen erhältlich durch Beuth-Vertrieb [*17*].

[2] Reichskuratorium für Wirtschaftlichkeit, heute Rationalisierungskuratorium der Wirtschaft.

[3] Ausschuß für wirtschaftliche Fertigung, in enger Beziehung zum RKW und zum Deutschen Normenausschuß.

die *ausführenden Menschen:* Richtige Auswahl des arbeitenden Menschen mit seiner unterschiedlichen Körperlichkeit (Größe, Gewicht), seinem Temperament und seiner Mentalität, seiner Ausbildung, Einarbeitung, Entlohnung und sozialen Betreuung in Richtung auf die auszuführenden Arbeiten;

das *betriebliche Zusammenspiel:* zweckmäßigste Arbeitsorganisation, mitlaufende Abrechnung u. dgl.

Erst dann kann die Zeitermittlung eine feste Grundlage für die Bezahlung eines der Leistung entsprechenden Lohnes werden, wobei sich zum technisch-mengenmäßigen Denken allerdings betriebswirtschaftlich-wertmäßige Überlegungen gesellen müssen. Die reine Senkung von Maschinenzeiten z. B. kann durch schnellere Abnutzung der Schneidwerkzeuge und die dadurch erhöhte Werkzeugwechselzeit vollständig verbraucht werden. Eine Verkürzung der Fertigungszeiten bedeutet also noch keinesfalls immer neue Kostensenkung und Annäherung an die Arbeitsbestform im betriebswirtschaftlichen Sinne.

11. Zeitbegriffe nach Refa [*12*]. Das Wesen der Refa-Lehre liegt im Erforschen des Betriebsgeschehens, bezogen auf den Arbeiter, das Betriebsmittel und den Werkstoff (Abb. 9): beim *Arbeiter* interessiert die in der Zeiteinheit zustande

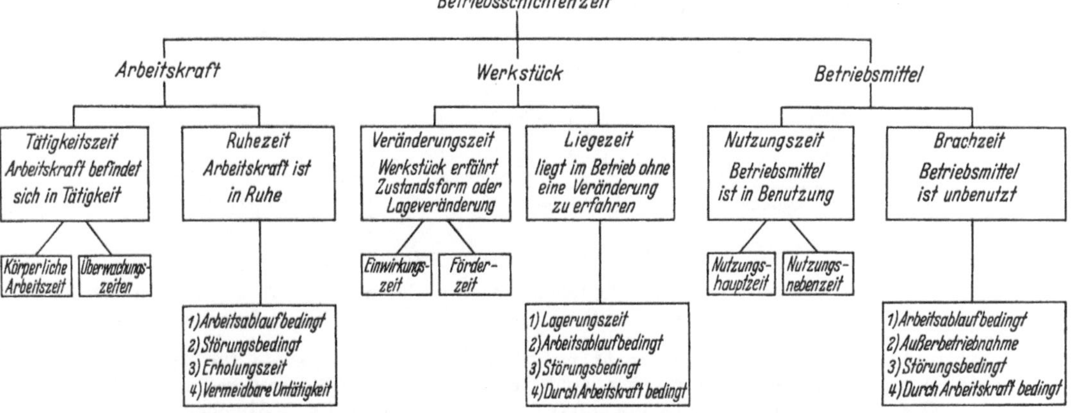

Abb. 9. Gliederung der Betriebsschichtenzeit, bezogen auf Arbeitskraft, Werkstück und Betriebsmittel

kommende menschliche Leistung, beim *Betriebsmittel* die möglichst günstige Ausnutzung und beim Werkstoff oder *Werkstück* ein zügiger Durchlauf.

Die *Auftragszeit* T (von lat. Tempus = Zeit), früher und auch heute noch vielfach mit „Vorgabezeit" bezeichnet, wird als Planungsgrundlage für Lohnfestsetzung, Terminbestimmung und Angebotskalkulation benötigt. Sie besteht lt. Abb. 10 aus der Rüstzeit t_r und der Ausführungszeit t_a, also

$$T = t_r + t_a \quad \text{(Refa-Zeitgleichung)}.$$

Die einzelnen Zeitbegriffe, die in dem Schema Abb. 10 zusammengestellt sind, haben folgende Bedeutungen:

Auftragszeit (T) ist der Zeitwert, der dem Arbeiter oder einer Gruppe für die Ausführung einer bestimmten Arbeit (Arbeitsvorgang oder Arbeitsstufe an m gleichen Werkstücken oder Einheiten) zur ordnungsgemäßen Erledigung bei normaler Leistung vorgegeben wird. Sie wird im Akkordschein entweder unmittelbar als „Zeitakkord", seltener in Geld umgerechnet als „Geldakkord" oder in beiden Formen eingetragen.

Rüstzeit (t_r, ursprünglich Einrichtezeit genannt) dient der Vorbereitung des Arbeitsvorganges, Arbeiters, Arbeitsplatzes, der Maschine und des Betriebsmittels, des Rohstoffes und Werkstückes und der Abrüstung durch Rückversetzung in den normalen, ursprünglichen

Zustand, so z. B. Auftrag empfangen, Zeichnung studieren, Werkzeug besorgen, Vorrichtung auf- und abspannen, Maschine um- und rückstellen, Probestück fertigen, Akkordschein abliefern usw.

Ausführungszeit (t_a) wird für die Arbeit an allen Einheiten eines Auftrages, deren Zahl mit m bezeichnet wird und die in Stückzahlen, Längen-, Flächen-, Raum- oder Gewichtseinheiten gegeben sein können, vorgegeben: $t_a = m \cdot t_e$. Die Zeitgleichung lautet also auch: $T = t_r + m \cdot t_e$.

Zeit je Einheit (t_e, früher als *Stückzeit* t_{st} bezeichnet) gilt für die Fertigstellung einer Einheit, also z. B. eines Werkstückes, d. h. vom Beginn bis zum Ende eines Arbeitsvorganges am gleichen Werkstück.

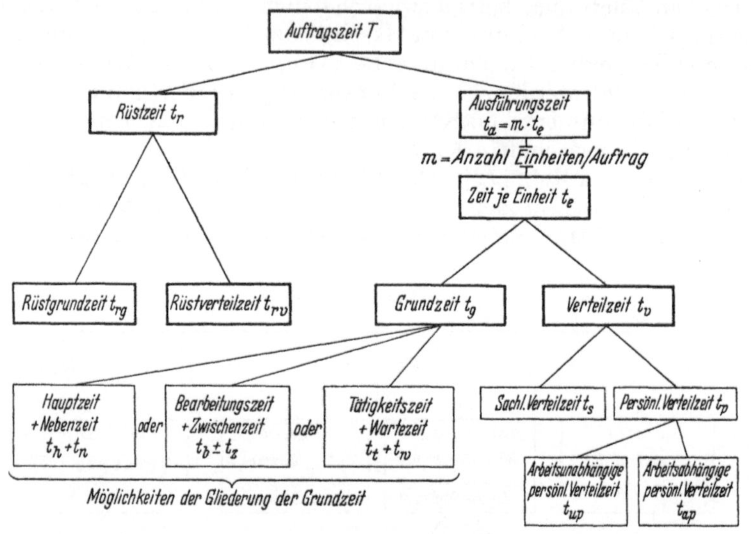

Abb. 10. Gliederung der Auftragszeit

Grundzeit (t_g) umfaßt alle Zeiten, die regelmäßig anfallen und die zur ungestörten Arbeitsausführung erforderlich sind. Dabei können nach Abb. 10 3 Fälle vorkommen: a) $t_h + t_n$, b) $t_b \pm t_z$, c) $t_t + t_w$.

Hauptzeit (t_h) ist die Zeit für den Fortschritt im Sinne des Auftrages, für Zustands- oder Formänderung des Werkstoffes, Platzänderung bei reinen Förderaufträgen: z. B. vom Arbeiter *nicht beeinflußbare* Maschinenlaufzeit beim Drehen, Fräsen, Abpacken usw., oder vom Arbeiter *beeinflußbare* Zeit, z. B. Zusammenbauzeit verschiedener Teile zu Gruppen. „Beeinflußbar" bedeutet, daß die Dauer des Vorganges vom Leistungsgrad des Arbeiters abhängt.

Nebenzeit (t_n) tritt regelmäßig auf, z. B. Auf- und Abspannen von Werkstücken. Werkzeuganstellen, Maschinenschalten, trägt aber nur *mittelbar* zum Arbeitsfortschritt bei und kann beeinflußbar oder nicht beeinflußbar sein.

Bearbeitungszeit (t_b) läuft vom Beginn bis zur Beendigung der Arbeit an einer Einheit, während die

Zwischenzeit (t_z) dann auftritt, wenn ein Arbeitsvorgang nicht unmittelbar dem anderen folgt, also eine Unterbrechung dazwischen liegt, oder (negativ) z. B. bei Mehrmaschinenbedienung.

Tätigkeitszeit (t_t) wird dem Arbeiter für die laut Auftrag oder Anweisung auszuführenden Arbeitsverrichtungen vorgegeben.

Wartezeit (t_w) ist ablaufbedingt dann vorzugeben, wenn das Zusammenwirken von Arbeiter, Betriebsmittel und Werkstoff nicht ohne Zeitverlust möglich ist.

Verteilzeit (t_v) enthält Zeiten, die wegen unregelmäßigen Anfalls nicht bei jeder Zeitaufnahme oder Zeitberechnung ordnungsgemäß erfaßbar sind, erfordert daher Zeitstudien von längerer Dauer. *Sachlich* bedingte Verteilzeit hängt mit dem Betriebsmittel und Werkstoff zusammen (Maschinen- und Arbeitsplatzpflege, Fehler- und Störbeseitigung, Werkzeug- und Werkstoffbeschaffung). *Persönlich* bedingte Verteilzeit ist „arbeiterbedingt" und kann arbeitsunabhängig (Lohnempfang, persönliche Bedürfnisse) oder arbeitsabhängig (z. B. Erholungszeit) sein. Bei schweren Arbeiten werden die zum Ermüdungsausgleich benötigten

Erholungszeiten jedoch gesondert erfaßt (s. u.). In der Verteilzeit nicht abgegolten werden Zeiten, die bei pflichtmäßigem Verhalten entfallen (verspäteter Arbeitsbeginn, unbegründetes Verlassen des Arbeitsplatzes, absichtlich unrichtige Handhabung). Außerhalb der Auftragszeit bleiben auch unvorhergesehene Störungen durch Stromausfall, Maschinenschaden usw., die von Fall zu Fall, nach Tarif oder besonderer betrieblicher Vereinbarung abgegolten werden. Die Verteilzeit wird zu der in einer Werksabteilung im gleichen Zeitraum anfallenden Grundzeit ins Verhältnis gesetzt und als Prozentsatz zur Grundzeit zugeschlagen.

Erholungszuschlag für Sonderfälle [13]. Jede menschliche Arbeit ermüdet auf die Dauer, schwere und schwerste körperliche Arbeit wirkt auf das Muskelsystem und den ganzen Körper ein. Hinsichtlich der schweren Muskelarbeit sind von den Arbeitsphysiologen im Laufe der Zeit weitgehend gesicherte Vorstellungen über die energetische Dauerleistungsgrenze erarbeitet worden. Sie gilt als diejenige Beanspruchung, die eine für die jeweilige Tätigkeit geeignete und in der Arbeit geübte Arbeitskraft sowohl über die Dauer der Schicht ohne sichtbare Ermüdung als auch über das Berufsleben hinweg ohne gesundheitliche Schädigung oder vorzeitige Alterserscheinungen übernehmen kann. Bezogen auf schwere Muskelarbeit liegt dieser Grenzwert für Männer bei einem Energieumsatz von rd. 2000 kcal je Schicht, für Frauen bei rd. 1600 kcal. Die tatsächliche energetische Belastung am Arbeitsplatz wird mit Hilfe der Respirationsmethode (ohne nennenswerter Behinderung der Arbeitskraft) gemessen oder mit Hilfe von Schätztabellen als Annäherungswert ermittelt. Dabei wird das Atemvolumen durch eine am Rücken getragene Trockengasuhr gemessen und 3···6% jeder Ausatmungsluftmenge in einer Gummiblase für die spätere Luftanalyse gespeichert. Eine andere Möglichkeit bietet der Pulsfrequenzzähler, wobei bekannt ist, daß bei jeder Arbeit die Pulsfrequenz über einen für jeden Menschen charakteristischen Ruhepuls ansteigt. Die Höhe des Anstieges ist ein Maß der Schwere der Arbeit, er soll nicht mehr als 35 Pulse/Minute betragen. Die zumutbare Belastungshöhe vermindert sich bei hohen Temperaturen, Luftfeuchtigkeit usw. Nimmt man nun die 2000 kcal für die Schicht, so erhält man je Stunde 250 kcal und 4 kcal je Arbeitsminute. Höhere kurzzeitige Beanspruchung muß in Form eines Erholungszuschlages Berücksichtigung finden. Der Verteilzeitzuschlag z_p ist dann:

$$z_p = \left(\frac{\text{verbrauchte kcal/min}}{4} - 1 \right) \times 100 \, [\%] \, .$$

Die Werte 2000 kcal je Schicht gelten jedoch nur für die dynamische Beanspruchung verschiedener Muskelgruppen. Treten statische Belastungen (Anstrengung, bei der Muskel ohne Bewegung angespannt verharren) aus ungünstiger Körperhaltung, Hebe- und Haltetätigkeit usw. auf, so müssen höhere Zuschläge gegeben werden.

Aber auch psychische Leistungsfähigkeit kommt heute ins Spiel. Je mehr sich die Anforderungsschwerpunkte auf Aufmerksamkeit und Konzentration, reaktionssicheres Handeln, Urteilen und Entscheiden verschiebt, desto wichtiger wird es, daß auch hier Maßstäbe gefunden werden. Besonders wenn geistig-seelische Funktionen beansprucht werden, z. B. durch Ansprechen auf bestimmte, in schneller Folge auftretende Signale oder Vorgänge aus der Umwelt, zeigen sich bald Ermüdungserscheinungen. Neuere Untersuchungen auf dem Gebiete des Flugsicherungsdienstes ergaben die Notwendigkeit öfteren Abwechselns.

Da betriebliche Pausen, arbeitsablaufbedingte Wartezeiten und persönlich bedingte Verteilzeiten einen Ermüdungsausgleich geben, braucht nicht zu jeder Arbeit ein Erholungszuschlag gemacht zu werden. Mehrere kürzere Pausen haben einen größeren Erholungswert als seltenere von längerer Dauer. Empfehlenswert ist es, vorgesehene Erholungspausen auch zwangsläufig durchzuführen, weil sonst u. U. der Erholungszuschlag nicht zum Kräfteausgleich, sondern zur Verdiensterhöhung benutzt wird.

12. Ermittlung der Auftragszeit. a) Schätzen. Da geschätzte Arbeitszeiten bei rein gefühlsmäßigem Vorgehen stark persönlich beeinflußbar sind, ist es notwendig, sich zumindest gedanklich den ganzen Arbeitsablauf zu unterteilen und die Teilzeiten auf Grund von Erfahrung und früheren Aufzeichnungen festzusetzen. Soweit nach Richtwerten festgelegt wird, sind diese vorher durch Stichproben auf die eigenen Betriebsverhältnisse hin nachzuprüfen. In der Einzelfertigung des Großmaschinenbaues, wo selten gleiche Stücke wiederkehren, lassen sich für typische Werkstücke genügend genaue Erfahrungszeiten mit Werkstattfachleuten festlegen, wobei man die Werte z. B. in einem Vergleichsschaubild (Abb. 11) zusammenstellt, um sie durch gelegentliche Zeitaufnahmen zu ergänzen. Die Vergleichsbilder werden dabei als Karteikarten nach Gegenständen und Arbeitselementen gesammelt.

b) Rechnen. *Maschinenzeiten* (Hauptzeiten) für die mechanische Bearbeitung von Werkstücken kann man berechnen, entweder roh überschläglich, indem man in die Gleichung (s. u. Beispiel) zusammengefaßte und angenäherte Zahlenwerte für

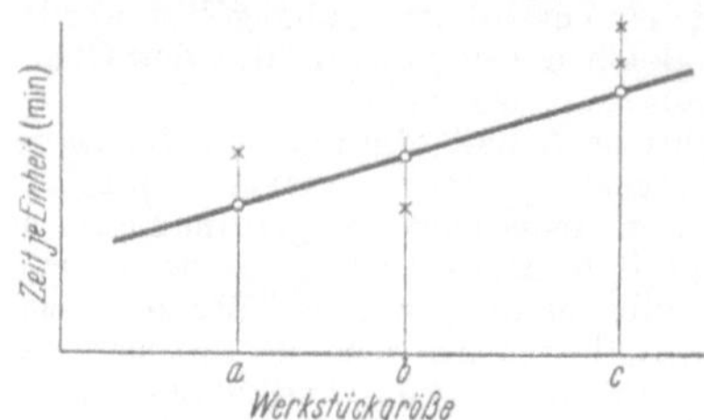

Abb. 11. Geschätzte „Zeiten je Einheit" mit Kontrolle durch Zeitaufnahmen. ○ geschätzt, × Zeitaufnahmen

das ganze Werkstück einsetzt, oder genauer, indem man diese Rechnung unter Berücksichtigung der Maschine und des Werkstückes für jeden einzelnen Bearbeitungsvorgang durchführt [*14*].

Beispiel einer Hauptzeitberechnung beim Drehen (genau so beim Bohren und Rundschleifen):

$$t_h = \frac{i \cdot L(\text{mm}) \cdot D(\text{mm}) \cdot \pi}{s(\text{mm}) \cdot v(\text{m/min}) \cdot 1000} = \frac{i \cdot L \cdot D \cdot \pi}{s \cdot v \cdot 1000} \text{ min },$$

also z. B. für einen Bolzen aus St 50.11 von 300 mm Länge + 5 mm Stahlanlauf mit $L = 305$ mm und einem Durchmesser $D = 60$ mm beim Drehen mit $v = 25$ m/min Schnittgeschwindigkeit, $s = 0.3$ mm/U Vorschub und $i = 2$ Spänen

$$t_h = \frac{2 \cdot 305 \cdot 60 \cdot \pi}{0{,}3 \cdot 25 \cdot 1000} = 15{,}3 \text{ min }.$$

Um solche Rechenarbeiten zu erleichtern, sind Hilfsmittel verschiedener Art entwickelt worden, z. B.: Tabellen-Unterlagen [*15*], Nomogramme wie die Abb. 12 und 13, die man auch für andere rechnerische Zusammenhänge aufstellen kann (vgl. Heft 90 [*16*]), Sonderrechenstäbe [*17*] usw.

Handzeiten (Haupt- und Nebenzeiten) sind menschlich bedingt, daher nicht zu berechnen. Sie werden geschätzt oder für öfter wiederkehrende Kombinationen von Arbeitsstufen, Griffen oder Griffelementen aus Tabellen entnommen, die auf

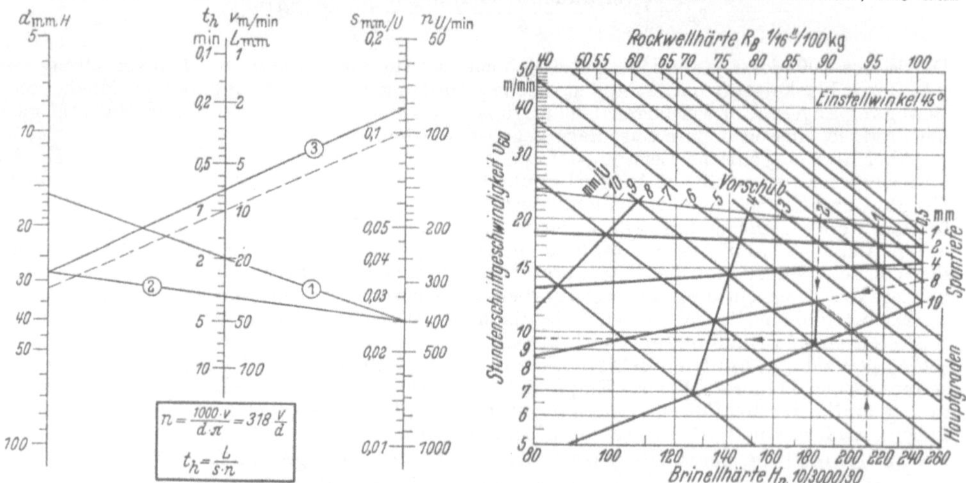

Abb. 12. Nomogramm zur Ermittlung der Drehzahl und Maschinenlaufzeit beim Drehen
Beispiel: $d = 16$ mm, $v = 20$ m/min, $n = 400$ U/min, $L = 35$ mm, Hilfsgröße $H = 28$, $s = 0{,}12$ mm/U, $t_h = 0{,}73$ min

Abb. 13. Bestimmungstafel für Schnittgeschwindigkeiten v_{60} zum Schruppen von gewöhnlichem Grauguß ohne Kühlung. Drehwerkeug aus Schnellstahl etwa 18% W, 2,5% Co und 1,6% V (nach Klingelnberg Technisches Hilfsbuch, 13. Aufl., Berlin/Göttingen/Heidelberg: Springer 1953; 14. Aufl. 1960)

Grund von *Erfahrungswerten* zusammengesetzt oder durch *Zeitstudien* ermittelt sind. Die Tabellen kann man je nach Bedarf als Gebrauchstabellen für bestimmte Maschinen oder Maschinenarten oder auch für bestimmte Werkstücke verschiedener Größe ausarbeiten. Geeignet dafür ist die Refa-Handzeitenkarte.

Rüstzeiten können Maschinen-, Hand-, Weg- und Wartezeiten sein; sie hängen von der Fertigungsart und den Betriebsverhältnissen ab. Es gibt dafür Erfahrungswerte in Refa-Blättern. Zu empfehlen ist jedoch, unter Verwendung der Refa-Unterlagen eigene Zusammenstellungen auszuarbeiten, gegebenenfalls Kontrollzeit-aufnahmen vornehmen. — Genau so ist es mit den *Verteilzeiten.*

c) **Arbeits- und Zeitstudien.** Durch Beobachtung kann man außer dem Zeitverbrauch für einen bestimmten Arbeitsvorgang auch dessen technischen Verlauf feststellen. Da eine kritische Beurteilung und Verbesserung erst dann möglich ist, wenn man den Gesamtvorgang in Teilarbeiten gliedert, hat eine summarische Zeitbeobachtung wenig Wert. Erst die planmäßige Beobachtung kleinster Teil-arbeitsvorgänge, Griffgruppen und Griffelemente kann Verbesserungsmöglichkeiten aufzeigen, denn an die Stelle des bloßen Messens muß das Streben nach bewußter Einflußnahme im Sinne der Bestausführung der Arbeit treten. Die Aufnahme beginnt also mit der Feststellung des bisherigen Arbeitsablaufes (Ist-Zustand), der Beobachtung und Niederschrift des Zeitverbrauches. Danach werden alle Unzu-länglichkeiten beseitigt, die den gleichmäßigen Ablauf behindern, Arbeitsplatz und Arbeit werden in die bestmögliche Form gebracht und dann erst beginnt die eigentliche Zeitstudie mit Beurteilung des Leistungsgrades und der Auswertung zwecks Lohnfestsetzung.

Vorbereitung: Wenn ein festumrissener Fertigungsauftrag vorhanden ist, wählt man den Arbeitsplatz sowie den geeigneten Arbeiter aus und unterteilt den Arbeitsgang in Teilvor-gänge derart, daß die zu messenden Arbeitsabschnitte zeitlich und technisch eindeutig abzu-grenzen sind. Zwischen dem Beobachter und dem Arbeiter muß volles Vertrauen herrschen, was am besten dadurch erreicht wird, daß der Zeitstudienmann nicht befiehlt, sondern auf-klärt und hilft. Herausforderndes Auftreten ist unbedingt zu vermeiden. Fehler und eigene Irrtümer sind einzugestehen, unanfechtbare Notwendigkeit allerdings mit Festigkeit zu vertreten. Ist der Beobachter objektiv und unbeeinflußbar, so braucht er bei aufgeschlosse-nem Verständnis für die Arbeit diese nicht unbedingt selbst ausführen zu können, da er außer-dem nie die erforderliche Einübung haben wird. Damit die Ergebnisse der Aufnahme ein-wandfrei sind, muß der Arbeiter mit den erforderlichen Einrichtungen und Werkzeugen ver-traut sein. Bei mangelnder Einarbeitung, Eignung oder Bereitwilligkeit oder nervöser Hast ist die Aufnahme abzubrechen. Sie darf nur mit Wissen des Arbeiters erfolgen.

Hilfsmittel: Stoppuhren mit Dezimalteilung ($1/_{100}$ min zur Vereinfachung der Rechen-arbeit) sind für Teilzeiten von mindestens $1/_2$ min geeignet, wobei der Zeiger durch Druck auf die Krone anhält und beim nächsten Druck weiterläuft. Das Zurückspringen auf Null wird durch eine zweite Druckstelle ausgelöst. Bei kürzeren Teilzeiten können durch das Ablesen und Rückführen des Zeigers unzulässig hohe Ablesefehler entstehen, man wendet dann Schleppzeiger-Stoppuhren an, wobei nach dem Anlaufen beider Zeiger durch Druck ein Zeiger zum Ablesen festgesetzt wird, der dann bei nochmaligem Druck wieder mit dem anderen Zeiger wieterläuft.

Photographische und *Filmaufnahmen,* besonders letztere im Zeitlupenverfahren wieder-gegeben, sind für große Massenfertigung als Bewegungsstudien lohnend.

In der Reihe der *Zeitmesser mit Schreibeinrichtungen* schreibt z. B. die POPPELREUTER-Arbeitsschauuhr Linienzüge auf gleichmäßig bewegte Papierstreifen, so daß der Zeitstudien-mann keine Schreibarbeit zu machen hat und sich der Beobachtung des Arbeitsvorganges ganz widmen kann. Der PEISELER-Diagnostiker zieht selbsttätig Linienzüge auf einem durch Uhrwerk gleichmäßig bewegten Papierstreifen, wenn er durch Schnurzug oder Hebelwerk an die Maschine angeschlossen ist. Er ist für Daueraufnahmen geeignet, wobei die Anwesenheit des Zeitstudienmanns nur zur Ingangsetzung und Beobachtung notwendig ist.

Zur Erleichterung der Zeitaufnahme und ihrer Auswertung werden *Vordrucke* angewendet, die der Refa-Verband entwickelt hat. Eintragungen sollen wegen des dokumentarischen Wertes der Aufnahme grundsätzlich mit Tinte oder Kopierstift erfolgen. Ein Zeitstudien-mann kann seine Aufgabe nur erfüllen, wenn er in einem Refa-Kursus dafür ausgebildet worden ist.

Durchführung: Der Beobachter hat seinen Standplatz so zu wählen, daß er Zeitmeß-instrumente, Aufnahmeblatt und Arbeitsplatz in gleicher Beobachtungsrichtung hat, ohne den Arbeiter zu stören. Die beobachteten Zeiten werden dann als *Einzel-* oder *Fortschritts-zeiten* in den Bogen eingetragen. Auch kann ein einzelner Arbeitsgang an sämtlichen Stücken einer Teilmenge nacheinander aufgenommen werden, ehe man zur nächsten Teilarbeit über-geht. Da es sich jedoch bei dieser Arbeitsart meist um ziemlich kurze Vorgänge handelt, wird eine einzige Teilzeit für die gemeinsam bearbeiteten Stückzahlen aufgenommen (Abb. 14), jedoch kommen auch Kombinationen aller Arten vor. Der Leistungsgrad wird bei den einzelnen Teilvorgängen in besonderen Spalten vermerkt, wenn angängig, auch summarisch. Arbeitsunterbrechungen, Störungen, Verzögerungen sind gleichfalls unter Grundangabe festzuhalten.

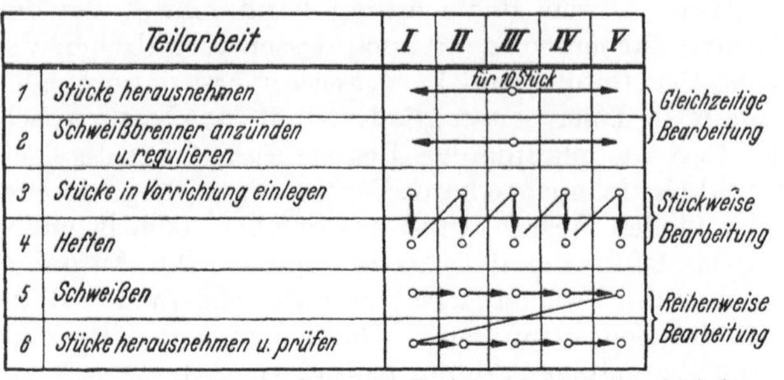

Abb. 14. Art der Eintragung in den Beobachtungsbogen bei wechselnder Arbeitsweise

d) Verteilzeitstudien werden über einen längeren Zeitraum durchgeführt, eine Woche und möglichst bei verschiedenen Arbeitern, in größeren Betrieben nach Werksabteilungen getrennt. Die Ergebnisse trägt man in besondere Bögen ein, wobei der Leistungsgrad nicht geschätzt wird, weil hier nur das Verhältnis *Verteilzeit zu Grundzeit* bestimmt werden soll. Die Prozentsätze für die sachlich und persönlich bedingten Verteilzeiten berechnet man gesondert.

Diese etwas schwierige Berechnung der *Verteilzeitprozentsätze* möge durch folgendes Beispiel erläutert werden, das mit Genehmigung des Refa-Verbandes wiedergegeben wird.

Sch = Schichtzeit je Woche (48 Stdn.) . . . . 2880 min
V_s = sachlich bedingte Verteilzeit . . . . 128 ”
V_{up} = arbeitsunabhängige persönliche Verteilzeit . . . . 117 ”
V_{ap} = arbeitsabhängige persönliche Verteilzeit . . . . 66 ”
V = festgestellte gesamte Verteilzeit
$$V = V_s + V_{up} + V_{ap} = 128 + 117 + 66 = \ldots \ldots 311 \text{ ”}$$
F = festgestellte von Fall zu Fall abzugeltende Verteilzeit . . . . 47 ”
N = festgestellte nicht abzugeltende Verteilzeit . . . . 62 ”
G = Grundzeit $G = Sch - (V + F + N) = 2880 - (311 + 47 + 62) =$ 2460 ”

Verteilung von V_{up} auf G, F und N

G =	2460 min	95,6%	112,0 min
F =	47 ”	2,0%	2,3 ”
N =	62 ”	2,4%	2,7 ”
ges. =	2569 min	100,0%	V_{up} = 117,0 min

Sachlich bedingter Verteilzeitprozentsatz
$$z_s = V_s/G = 128/2460 = 0{,}0521 = 5{,}21\%$$
Arbeitsunabhängiger persönlicher Verteilzeitprozentsatz
$$z_{up} = V_{up}/G = (117 - 5)/2460 = 112/2460 = 0{,}0455 = 4{,}55\%$$
Arbeitsabhängiger persönlicher Verteilzeitprozentsatz
$$z_{ap} = V_{ap}/G = 66/2460 = 0{,}0268 = 2{,}68\%$$
Gesamter Verteilzeitprozentsatz
$$z = z_s + z_{up} + z_{ap} = 5{,}21 + 4{,}55 + 2{,}68 = 12{,}44\% = \text{rd. } 12{,}5\%.$$

e) Die Auswertung ist dann fruchtbar, wenn mehrere Aufnahmen des gleichen Arbeitsvorganges vorhanden sind. Der Zweck besteht darin, die gemessenen Istzeiten und die geschätzten Leistungsgrade kritisch zu ordnen, um daraus die richtige Auftragszeit abzuleiten. Ein Mittel der kritischen Untersuchung der aufgenommenen Ist-Zeiten ist die rechnerische Ermittlung der *Streuung* der Zeiten nach folgenden Berechnungsarten:

Mittlere prozentuale Abweichung der Einzelwerte vom Mittelwert
$$= \frac{\text{mittlere Einzelabweichung}}{\text{Mittelwert}} \cdot 100\%.$$

Prozentuale Abweichung des größten Wertes vom Kleinstwert
$$= \frac{\text{Größter Wert} - \text{kleinster Wert}}{\text{Kleinster Wert}} \cdot 100\% \, .$$

Lage des Mittelwertes über dem kleinsten Wert in %

$$= \frac{\text{Mittelwert} - \text{kleinster Wert}}{\text{Kleinster Wert}} \cdot 100\% \,.$$

Eine große Streuung läßt auf technische oder organisatorische Mängel, sowie auf nicht genügende Beherrschung des Arbeitsvorganges durch den Ausführenden schließen. Extremwerte sind nur dann zu streichen, wenn nachweisliches Verschulden des Arbeiters vorliegt, sonst sind die Aufnahmen zu verwerfen und nach Beseitigung der Mängel zu wiederholen. Erst wenn eine möglichst harmonische Häufigkeit der aufgenommenen Zeiten gegeben ist, kann deren *Mittelwert* Verwendung finden. Bei der *Mittelwertmethode*[1] werden die Einzelzeiten zusammengerechnet und durch die Anzahl der Aufnahmen geteilt. Handelt es sich um sogenannte unbeeinflußbare Zeiten oder einen sogenannten Normalleistungsarbeiter, so sind die Zahlen sofort auswertbar. In der Praxis trifft aber der Zeistudienmann nur selten auf diese Normalleistung und es müssen die beeinflußbaren Istzeiten durch Malnehmen mit dem *Leistungsgrad* in Normalzeiten umgewandelt werden, z. B. 1,05 bei 5% über dem Durchschnitt liegender Leistung (Abb. 15). In Sonderfällen kann auch jede beobachtete Teilzeit mit einem besonderen Leistungsgrad benotet werden. Unbeeinflußbare Zeiten[2], z. B. Maschinenzeiten, werden ohne Zuschlag in die Auftragszeit übernommen, weil der Arbeiter dabei keine besondere Leistung vollbringt, also im Verdienst auch nur den Akkordrichtsatz erhalten kann.

f) Zur Bestimmung des menschlichen Leistungsgrades gibt es noch keine bewährten Meßverfahren. Man ist bestrebt, eine Überleitung aus der subjektiven Beurteilung in eine feste Methodik des Schätzens zu finden. Unter der gesuchten Normalleistung versteht man dabei diejenige menschliche Leistung, die von jedem hinreichend geeigneten Arbeitnehmer nach genügender Übung und ausreichender Einarbeitung ohne Gesundheitsschädigung auf die Dauer erreicht und erwartet werden kann, wenn er die richtigen Verteil- und Erholungszeiten einhält.

Zuerst wurden nach ENGLER die wesentlichsten Leistungsfaktoren, „Arbeitsgeschicklichkeit", „Fleiß" und „Arbeitswillen" getrennt geschätzt. Heute wird die „Wirksamkeit" und der „Einsatz", entsprechend Tab. 4 als Maßstab für die Individualleistung gesetzt.

Auswertung der Zeitaufnahme

	Beobachtete Zeit in min	Leistungs-Ausgleich v. H	Ausgewertete Zeit in min
Rüstgrundzeit	14,64	105 v. H.	15,37

15 v.H. Rüstverteilzeit 2,31 min

Vorzugebende Rüstzeit 17,68 min

~ 18,00

	Beobachtete Zeit in min	Leistungs-Ausgleich v. H	Ausgewertete Zeit in min
Hauptzeit Maschinenzeit	0,917	— v. H.	0,917
Handzeit	0,345	105 v. H.	0,362
Nebenzeit Handzeit	0,571	105 v. H	0,600

Grundzeit 1,879 min

15 v.H. Verteilzeit 0,282 min

Zeit je Einheit 2,16 min

Auftragszeit für 20 Stück

18 + 20 · 2,16 rd. 62 min

Abb. 15. Auswertung der Zeitaufnahme

Tabelle 4. *Ableitung des Leistungsgrades aus Wirksamkeit und Einsatz*

Wirksamkeit	Einsatz
Beherrschung der Arbeit durch den Arbeiter (Anlagen, Übung, Erfahrung, Gewöhnung, Einarbeitung)	Bewegungsgeschwindigkeit und Kraftanstrengung.
Normal ist diejenige Wirksamkeit des Arbeitsverlaufes, die erfahrungsgemäß vom Arbeiter erwartet werden kann, der ausreichend geeignet, eingeübt und eingearbeitet und frei von inneren Hemmungen und äußeren Einflüssen ist, die die Wirksamkeit beeinträchtigen könnten.	Normal ist derjenige Einsatz, mit dem ein Arbeiter auf die Dauer und im Mittel der täglichen Schichtzeit ohne Gesundheitsschädigung arbeiten kann, wenn er die in der Auftragszeit berücksichtigten Zeiten für persönliche Bedürfnisse und gegebenenfalls Erholungszeiten einhält.

BRAMESFELD legt das Ergebnis beim Leistungsgradschätzen zuerst nicht nach einer Zahl, sondern nach der Intensitätsbeschreibung „sehr gering, schwach, normal, hoch, sehr hoch"

---

[1] Es gibt noch andere Auswertungsverfahren (Zentral-, Minima- und Durchschnitts-Minimamethode), die in Deutschland jedoch nicht mehr angewendet werden.

[2] Die Gewerkschaften streben hier eine andere Lösung (höheren Umrechnungsfaktor) an.

fest. Da erfahrungsgemäß die schwächsten, an der unteren Grenze der Eignung stehenden Kräfte nur 80% des Normalwertes leisten, während ausgesprochene Spitzenarbeiter bis zu 130% erreichen können, braucht dann die Intensitätsleiter nur mehr mit dem zahlenmäßigen Spielraum von 80···130% zur Deckung gebracht zu werden. Die gegenwärtig vom Refa empfohlene Gruppierung zeigt Tab. 5. Als allgemeine Richtschnur gilt hier, daß die Leistungsgradschätzung 100% dann richtig ist, wenn sie soviel Spielraum läßt, daß ein Arbeiter bei bestem Willen und gutem Können einen Leistungsgrad 125% auch auf die Dauer erreichen kann.

Tabelle 5. *Leistungsstufen nach Refa*

	Leistungsstufen	Leistungsgrad %
1	„auffallend gut" Spitzenleistung (entweder übernormale Eignung oder bei normaler Eignung auf die Dauer nicht durchhaltbar) .	125 u. darüber
2	„sehr gut" Bestleistung (*läßt sich auf die Dauer durchhalten*). .	115···125
3	„gut" (läßt sich aber rascher machen)	105···115
4	„normal (Normalleistung befriedigend, berufsüblich, kann von einem Großteil von Menschen auf die Dauer eingehalten werden)	95···105
5	„schwach" (unbefriedigend; Leistungsgrad läßt sich noch abschätzen	85···95
6	„sehr schwach" Minderleistung (Leistungsgrad läßt sich nur noch schwer schätzen)	75···85
7	„auffallend schwach" Außerordentliche Minderleistung (Leistungsgrad läßt sich nicht mehr abschätzen)	75 u. darunter

13. Auftragszeit nach Bedaux [*18*]. Die Leistung wird mit einer besonderen Einheit „B" gemessen, der BEDAUXD-Minute. Sie setzt sich aus der mit der Stoppuhr gemessenen Zeit bei einer geschätzten Normalgeschwindigkeit und einem geschätzten Zeitanteil Erholung zusammen. Die Schätzung der Normalgeschwindigkeit erfolgt durch den BEDAUX-Ingenieur, wobei als Grundlage die Geschwindigkeit eines Fußgängers gilt, der in der Std. 4,3 km zurücklegt. Die Zahlen für die Festlegung des Erholungsfaktors sind Geheimnis der Gesellschaft; sie sind auf Grund von Arbeitsdiagrammen ermittelt und schwanken meist zwischen 10 und 25%. In den Kurven der Erholungszeiten, die vor allem auf der Länge des Arbeitszyklus beruhen, finden die Muskelanstrengung als direkt proportional der Bewegungsgeschwindigkeit und die Bewegungsgeschwindigkeit als umgekehrt proportional dem zu betätigenden Gewicht und der Dauer der Arbeit ihren Niederschlag. Ein Methodenzuschuß wird dann noch gegeben, wenn ein Arbeitsablauf durch eine nicht zu beeinflussende Maschinenzeit bestimmt, also der Arbeiter praktisch behindert wird, desgleichen, wenn er auf die Leistung eines anderen angewiesen ist. Der Methodenzuschuß wird für jede Abteilung gesondert ausgewiesen, um dauernd die Leitung zu mahnen, diese Zeiten durch entsprechende Arbeitsgestaltung zu vermeiden, damit der Arbeiter über die unbeeinflußbaren Zeiten keinen Minderverdienst hat. Das Verfahren eignet sich für Betriebe, in denen die Handarbeit überwiegt, z. B. ist es nach der letzten IFO-Befragung hauptsächlich in der Gummiverarbeitung, keramischen und Textilindustrie eingeführt [*19*].

14. Vorbestimmte Zeiten [*20*], **Work-Faktor**[1], **MTM** (Methods-Time-Measurements) ist ein Sammelbegriff für Systeme, bei denen die Zeiten nicht mehr bei der Arbeitsausführung aufgenommen werden. Sie stützen sich auf das bereits von GILBRETH entwickelte Verfahren photographischer Bewegungsstudien unter Mitaufnahme einer Uhr, so daß der Vorgang im Zeitlupentempo untersucht werden kann. Diese Großzahlbewegungsstudien lassen alle manuellen Verrichtungen aus einer verhältnismäßig kleinen Anzahl von Grundelementen zusammensetzen. Die Zeitwerte für die Grundelemente (z. B. Hinlangen, Bewegen, Greifen, Zusammenfügen, Loslassen, und Körper,- Bein- und Fußbewegungen) sind in Tabellenform geordnet und berücksichtigen — je nach System mit verschiedener Genauigkeit — noch Beeinflussungen durch die Länge der von der Hand zurückgelegten Wege, des zu bewegenden Gewichtes, die Schwierigkeit einer Handhabung usw. Zeitmeßeinheit = 1 TMU = 0,0006 min = 0,036 sek. Es lassen sich also für Fertigungen im Planungsstadium zweckmäßige Arbeitsmethoden rechnerisch ermitteln, für die Arbeitsgestaltung, ja selbst Konstruktion wertvolle Erkenntnisse finden. Wegen der umfangreichen Rechenarbeit ist eine besondere Schulung der damit beschäftigten Arbeitsstudienmänner erforderlich.

Diese Systeme eignen sich hauptsächlich für kurze Arbeitsgänge der Massenfertigung. Man geht dabei noch von der Annahme aus, daß die Zeitstreuung bei kleinsten Bewegungselemen-

---

[1] In Deutschland führt der Refa-Verband, Darmstadt, Schulungen nach dem Work-Faktor-System durch.

ten so gering ist, daß die Summierung praktisch für jeden industriellen Arbeitsvorgang Normalzeiten ohne Umrechnung mit dem Leistungsgrad ergibt. Es sollen daher die subjektiven Wertungen durch den Zeitstudienmann wegfallen. Aber gerade fehlende Angaben über die Systematik der Erarbeitung der Zeitwerte bzw. ihr tatsächliches Verhältnis zur Refa-Normalleistung gibt zu Kritik Anlaß und die Frage nach der Höhe des erforderlichen Ausgleichs (Umrechnungs)-faktors ist offen. Sie führte auch in Deutschland kaum zur Anerkennung als Vorgabezeiten durch die Gewerkschaften. In diesen Umrechnungsfaktor geht aber nicht nur die Differenz der beiden Leistungshöhen ein, sondern es muß durch ihn auch die Zeit für kleine Störungen und Pausen im Arbeitsablauf berücksichtigt werden, die wegen ihrer Kürze in der Refa-Aufnahme nicht gesondert ausgewiesen, in der Grundzeit aber enthalten ist.

15. Multimomentaufnahmen [*21*] geben als Stichproben-Verfahren verbindliche Aussagen über die prozentuale Häufigkeit von unregelmäßig auftretenden Vorgängen beliebiger Art. Verteilzeiten, Maschinenstillstände usw. lassen sich so mit Hilfe von Aufnahmebögen erfassen und statistisch auswerten.

C. Bewertung der Arbeit

Die Forderung nach einem *gerechten* Lohn ist nicht allein durch die Bemühungen um saubere Auftragszeiten (Differenzierung nach Leistung) erfüllt, auch der *Schwierigkeitsgrad* der Arbeit muß beim Umrechnen der bei Zeitlohnarbeiten verbrauchten oder bei Akkord vorgegebenen Zeit in Geld berücksichtigt werden. Zu diesem Zweck ermittelt die Arbeitsbewertung [*22*] einen Arbeitswert, der zahlenmäßig oder symbolhaft die relative Schwierigkeit der in Betrieb und Verwaltung verrichteten Arbeiten ausdrückt. Bezugsgrundlage ist eine meist durch Übereinkunft festgelegte normale Leistung unter den jeweiligen betrieblichen Bedingungen, ohne Rücksicht, wer die Leistung vollbringt und welche individuelle Leistungsfähigkeit und -bereitschaft bei Ausführenden vorliegt. Die Arbeitsbewertung ist also auf die Anforderungen beim Arbeitsvollzug und nicht auf die Person abgestellt.

Während also richtige Vorgabezeiten einen leistungsgerechten Lohn anstreben, soll die Arbeitsbewertung auch noch eine zusätzliche Grundlohn (Akkordbasis)-Differenzierung ermöglichen für Arbeiten ohne besondere Anforderungen und solche, die großes Fachkönnen erfordern oder mit hohen körperlichen und geistigen Belastungen und evtl. noch zusätzlich mit Erschwernissen durch Umgebungseinflüsse verbunden sind. Der Ausführende soll darüber hinaus auch beim Vergleich mit Arbeiten der übrigen Industrie das Gefühl gerechter Entlohnung haben.

16. Gewerbliche Arbeit. Bei der früheren *handwerklichen* Arbeit genügte eine Unterteilung nur nach der Ausbildung, die der Ausführende hatte bzw. die die Arbeit von ihm verlangte und damit die in den Tarifverträgen festgelegte Unterscheidung: Facharbeiter, Angelernt, Ungelernt. Infolge der Entwicklung in der *industriellen* Fertigung zur weitgehenden Arbeitsteilung werden *grundverschiedene* Anforderungen an die ausführenden Menschen gestellt und damit kommt der Wunsch nach entsprechender Lohnunterscheidung. Es gibt mehrere Methoden der Arbeitsbewertung.

a) Summarische Verfahren stufen an Hand von ausführlichen Beschreibungen und durch Vergleichen mit Richtbeispielen die betrieblich vorkommenden Arbeiten ein. Am bekanntesten ist z. B. der sogenannte Lohngruppenkatalog [*23*], der während des Krieges eingeführt wurde und teilweise auch heute noch in Gebrauch ist. Die nachstehende Übersicht zeigt die Tätigkeits- und Lohngruppenmerkmale, die z. B. noch 1953 im Tarifgebiet Rheinland-Rheinhessen der Eisen- und Metallindustrie Gültigkeit hatten. Heute gibt es ähnliche Beschreibungen für 11 Lohngruppen.

1. Einfachste Arbeiten, die ohne jegliche Ausbildung nach kurzer Anweisung ausgeführt werden können. 77,5%

2. Einfache Arbeiten, die eine geringe Sach- und Arbeitskenntnis verlangen, aber ohne jegliche Ausbildung nach einer kurzfristigen Einarbeitungszeit ausgeführt werden können oder einfachste Arbeiten von erschwerender Art. 82,5%

3. Arbeiten, die eine Zweckausbildung oder ein systematisches Anlernen bis zu 6 Monaten, eine gewisse berufliche Fertigkeit, Übung und Erfahrung verlangen, ferner einfache Arbeiten von besonders erschwerender Art. 87,5%

4. Arbeiten, die ein Spezialkönnen verlangen, das erreicht wird durch eine abgeschlossene Anlernausbildung oder durch ein Anlernen mit zusätzlicher Berufserfahrung oder einfachere Arbeiten von ganz besonders erschwerender Art. 92,5%

5. Facharbeiten, die neben beruflicher Handfertigkeit und Berufskenntnissen einen Ausbildungsstand verlangen, wie er entweder durch eine fachentsprechende, ordnungsgemäße Berufslehre oder durch eine abgeschlossene Anlernausbildung und zusätzliche Betriebserfahrung erzielt wird. . . . . 100 %

6. Schwierige Facharbeiten, die besondere Fertigkeit und langjährige Erfahrungen verlangen oder Arbeiten, die eine abgeschlossene Anlernausbildung verlangen und unter besonders erschwerenden Umständen ausgeführt werden müssen. 110%

7. Besonders schwierige oder hochwertige Facharbeiten, die an das fachliche Können und Wissen besonders hohe Anforderungen stellen und völlige Selbständigkeit und hohes Verantwortungsbewußtsein voraussetzen. Ferner schwierige Facharbeiten unter erschwerenden Umständen. 120%

8. Hochwertige Facharbeiten, die meisterliches Können, absolute Selbständigkeit, Dispositionsvermögen, umfassendes Verantwortungsbewußtsein und entsprechende theoretische Kenntnisse erfordern. 133%

Da es schwierig ist, für die einzelnen Lohngruppen solche Formulierungen zu finden, daß überall gleiche Auslegungen gewährleistet sind [siehe die am Ende der Merkmale immer angeführten erschwerenden Umstände, die ein Anschwellen der in diese Gruppe gehörenden Arbeiten (Schwellgruppen) verursachen], da ferner summarische Betrachtungen ein Schwierigkeitsmerkmal leicht übersehen, über- oder unterschätzen lassen, wird heute überwiegend eine zuverlässigere Methode angewandt.

b) Die analytische Arbeitsbewertung berücksichtigt die ganze Vielfalt der aktiven und passiven, geistigen und körperlichen Anforderungen sowie die Umgebungseinflüsse möglichst nach Art, Höhe und Dauer.

BEDAUX nannte schon vor über 40 Jahren 4 Merkmale für die Lohnbasis:

1. Die für eine Arbeit notwendige Ausbildung, Geschicklichkeit und Erfahrung (Können),
2. Verantwortungsübernahme und geistige Beanspruchungen,
3. Physische und psychische Belastungen bei der Arbeit,
4. mit der Arbeit verbundene gesundheitliche Gefährdung (Krankheit, Unfall, Umgebungseinflüsse).

Entsprechend einer Punktbewertung von 63 bis 180% bildete BEDAUX 10 Lohnstufen in einer geometrischen Reihe mit dem Stufensprung 1,122.

In Deutschland wurden zuerst vom „Sozialwirtschaftlichen Ausschuß der Eisen- und Metallindustrie" alle Vorarbeiten für die analytische Arbeitsbewertung in der sogenannten *grauen Broschüre* zusammengefaßt. Dabei wurden Fachkenntnisse, Geschicklichkeit, Anstrengung, Verantwortung und Umgebungseinflüsse berücksichtigt und über entsprechende Schwierigkeitswertzahlen 8 Lohngruppen gebildet. Internationale Sachverständige einigten sich 1950 in Genf (*Genfer Schema*), die Arbeitsschwierigkeiten in 4 Anforderungshauptgruppen zu gliedern:

1. Wissen und Können = Fachkönnen,
2. Funktionen des Geistes und Körpers = Belastung,
3. Wille des Arbeitenden = Verantwortung,
4. Erschwerende Begleitumstände = Umwelt.

Diese Hauptanforderungen werden noch weiter unterteilt (Tab.6), wobei alle analytischen Verfahren den Bewerter zwingen, eine genaue Beschreibung der Arbeit anzufertigen bzw. durch Besichtigung festzulegen, die Aufgliederung der Gesamtanforderungen in Anforderungs-Arten durchzuführen und eine quantitative Wertbestimmung als Ergebnis der Arbeitsbewertung vorzunehmen.

Gewichtung: Weder international, noch tariflich auf Landesbasis gelöst ist die Festlegung des Wertes und der Wertverhältnisse der einzelnen Anforderungsarten zueinander. So haben z. B. Fachkönnen und Temperatureinflüsse nicht das gleiche „Gewicht". Da also Faktoren völlig verschiedener Kategorien quantitativ miteinander verglichen werden, ist dafür keine wissenschaftliche Basis vorhanden. Diese *Gewichtung* kann nur empirisch aus einer Großzahl von Bewertungen und durch Vergleichen gewonnen werden, wobei technische Entwicklungen, sozialpolitische Gesichtspunkte und unter Umständen soziologische Wertungen der Arbeit in der Gewichtung der Anforderungsarten ihren Ausdruck finden können. Wenn bestimmte Arbeitsformen unbeliebt werden, so müssen sie letzten Endes höher bezahlt werden. Re-

Tabelle 6. *Anforderungsarten und Gewichtung bei der analytischen Arbeitsbewertung*

	Bewertungs-Methoden				
Anforderungsarten	EULER-STEVENS		Tarif-Metallindustrie		
			Bayern[1]		Rheinland-Pfalz	
	Punkte	%	Punkte	%	Punkte	%
A. Aktive Merkmale						
I. Können:						
1. Arbeitskenntnisse, Ausbildung, Erfahrung	7	14,0	10	10,5	9	13,53
2. Geschicklichkeit, Handfertigkeit Körpergewandheit	4	8,0	9	9,5	5	7,52
II. Belastung:						
3. Belastung der Sinne und Nerven	2	4,0	9	9,5	5	7,52
4. Zusätzlicher Denkprozeß	4	8,0	8	8,4	3	4,51
5. Betätigung der Muskeln	8	17,4	8	8,4	6	9,02
III. Verantwortung:						
6. Für eigene Arbeit einschl. Betriebsmittel	3	6,0	8	8,4	7	10,53
7. Für die Arbeit anderer	3	6,0	6	6,3	3	4,51
8. Für die Sicherheit anderer	3	6,0	9	9,5	3	4,51
Zwischen-Summe für „A"	34	69,4	67	70,5	41	61,65
B. Passive Merkmale						
IV. Umgebungseinflüsse:						
9. Schmutz					3	4,51
10. Öl, Fett	2	4,2	5	5,4	1,5	2,25
11. Staub			3	3,1	2	3,00
12. Temperatur	3	6,0	3	3,1	3	4,51
13. Nässe	1,5	3,0	2	2,1	2	3,00
14. Gase, Dämpfe	2	4,2	2	2,1	2	3,00
15. Lärm	1,5	3,0	4	4,3	2,5	3,75
16. Erschütterung			1	1,0	2	3,00
17. Blendung, Lichtmangel	1,5	3,0	2	2,1	1	1,50
18. Erkältungsgefahr	1,5	3,0	2	2,1	1,5	2,25
19. Unfallgefahr	2	4,2	3	3,1	3	4,51
20. Hinderliche Schutzkleidg.	—	—	1	1,0	2	3,00
Zwischen-Summe für „B"	15	30,6	28	29,4	25,5	38,28
Gesamt-Summe	49	100,0	95	99,9	66,5	99,93

lationen zwischen Fachkönnen und Muskelbelastung usw. können sich also im Laufe der Zeit verschieben (siehe die Prozentunterschiede bei den einzelnen Bewertungsmethoden in Tab. 6). Arbeiten auf diesem Gebiet stammen von EULER-STEVENS [24], BAUER-BRENGEL [25], LORENZ [26]. Die 1959 vereinbarte Gewichtung [27] der Tarifpartner für Bayern und für die Eisen- und Metallindustrie [28] Rheinland-Pfalz (1961 abgeschlossene) wurden schon in Tab. 6 gezeigt. Verschiedene betrieblich vereinbarte Arbeitsbewertungen weichen eigentlich nur in unwesentlichen Punkten ab.

Unterteilung und *Wertmaßstäbe:* Um eine richtige Zuordnung der zu bewertenden Arbeiten zu sichern, muß eine wertmäßige Unterteilung entwickelt werden. Geordnet wird beim *Rangreihenverfahren* („Rangieren") nach einer auf- oder absteigenden Reihe, entweder stufenlos zwischen Null und Hundert oder mit Stufen von 5 zu 5 je Anforderung. Die Arbeit mit der höchsten Beanspruchung kommt z. B. an die Spitze und am Ende steht die Arbeit ohne Beanspruchung (Null). HAGNER-WENG [29] haben diese Methode stark ausgebaut. Der *Rangreihenplatz* sagt aber noch nichts über den *Teilarbeitswert* aus, er muß daher noch mit dem Wichtefaktor multipliziert werden. Beispiel:

$$\frac{\text{Rangplatz } 40 \times \text{Wichtefaktor z. B. 0,9 für Geschicklichkeit}}{10} = 3,6.$$

Beim *Stufen-Wertzahlverfahren* werden die durch die Gewichtung festgelegten Höchstpunktzahlen in ganze oder halbe Punkte aufgeteilt (vgl. Tab. 6) und die zu bewertenden Arbeiten

---

[1] Über 100 Rangreihe und Wichtefaktor.

Firma	Arbeitsbeispiel für: Gußputzarbeit		Arbeitswertgruppe	06
			Lfd. Nr.	9

Beispiel:
Nachschleifen und Nachputzen von Guß-
stücken

Beschreibung der Arbeit

Werkstück:
Gehäuse-Unterteil für Haushaltnähma-
schine aus Grauguß, Abmessungen: 287 ×
234 und 117 mm hoch, Gewicht 7,1 kg

Arbeitsunterlagen:
Arbeitsauftrag und mündliche Anweisung

Betriebsmittel:
Schleifblock mit 2 schmalen Schleifscheiben
von 6···8 mm Breite, Preßluft-Handschleif-
maschine mit auswechselbaren Schleif-
körpern, Hammer und verschiedene Meißel,
Hubwagen, Werktisch.

Arbeitsplatz:
Einzelarbeitsplatz wechselnd am Schleif-
bock und der Werkbank in einer durch
Leuchtstoffröhren beleuchteten, großen und
bei Bedarf geheizten Putzerei.
Es wird stehend gearbeitet.

Arbeitsvorgang und Arbeitsablauf:
Die bereits abgestrahlten und in den äuße-
ren Konturen vorgeschliffenen Gußstücke
werden in Behältern dem Arbeitsplatz zu-
geführt.
Teile aufnehmen und den Grat, der nicht
beim Vorschleifen erfaßt werden konnte, am
Schleifbock entfernten, Teil in Behälter ab-
legen.
Nachdem auf diese Weise die gesamten Gußstücke für einen Auftrag nachgeschliffen
worden sind, den Behälter etwa 100 m weiter zur Werkbank fahren.
Gußstücke auf Tisch legen und einzeln mit
der Handschleifmaschine bzw. mit Hammer
und Meißel an den schwer zugänglichen
Stellen bearbeiten. Gußstücke in Behälter
zurücklegen.
Abtransport erfolgt durch Gabelstapler.
Sämtliche Gußstücke durchlaufen die Kontrolle.

Bewertungstabelle

Höchst-punkt-zahl		Bewertung	
		I. Können	
9	a	Arbeitskenntnisse (Ausbildung, Erfahrung, Denkfähigkeit)	1,0
5	b	Geschicklichkeit (Handfertigkeit, Körpergewandheit)	1,5
Können insgesamt:			2,5
		II. Verantwortung	
7	a	für die eigene Arbeit (Betriebsmittel u. Erzeugnisse)	1,0
3	b	für die Arbeit anderer	0
3	c	für die Sicherheit anderer	0,5
Verantwortung insgesamt:			1,5
		III. Arbeitsbelastung	
8 / 5	a	geistig 1. Sinne und Nerven (Aufmerksamkeit)	2,0
3		2. Denkfähigkeit (Nachdenken)	0
6	b	muskelmäßig	1,0
Arbeitsbelastung insgesamt:			5,0
		IV. Umgebungseinflüsse	
3	a	Schmutz (Verschmutzung)	3,5
2	b	Staub	1,0
1,5	c	Öl	0
3	d	Temperatur	0
2	e	Nässe (Wasser, Säure, Lauge usw.)	0
2	f	Gase, Dämpfe	0,5
2,5	g	Lärm	1,5
2	h	Erschütterung	0
1	i	Blendung oder Lichtmangel	0
1,5	k	Erkältungsgefahr	0
2	l	Hinderliche Schutzkleidung	0
3	m	Unfallgefahr	1,0
Umgebungseinflüsse insgesamt:			4,5
Arbeitswert Summe (Summe der Punkte I-IV)			13,5
Arbeitswertgruppe			0,6

Fertigungsart, Losgröße:
Laufende Serienfertigung ähnlicher Teile

Zeit/Einheit:
etwa 8 Min./Std.

Ausgestellt am	durch
Bewertung erfolgt am	durch:

Abb. 16. Bewertungsbogen-Vorderseite, ausgefüllt für eine Gußputzertätigkeit entsprechend den Ausarbeitungen der Tarifpartner Rheinland-Pfalz

direkt zugeordnet. Dabei muß man die Zuordnungsmerkmale durch Beschreibung oder Vergleichsbeispiele besonders angeben. Abb. 16 zeigt eine Arbeitsbewertung als Beispiel.

Als Vereinigung beider Verfahren gilt das *Stufen-Wertzahl-Rangreihenverfahren*. Man legt z. B. mit betrieblichen Richtbeispielen die beiden Extreme für Arbeitskenntnisse 0 (keine. bzw. Anforderung, die nach etwa 1 Tagesunterweisung erfüllt ist) und 9 Punkte (höchstes fachliches Können durch langjährige Berufserfahrung erworben, mit voller Selbständigkeit und Dispositionsvermögen) entsprechend den Vereinbarungen in Rheinland-Pfalz fest und versucht alle anderen vorkommenden Arbeiten systematisch einzuordnen.

Meßmethoden: Es hat nicht an Versuchen gefehlt, die Bewertungen der einzelnen Anforderungsmerkmale, die die Arbeit an den Ausführenden stellt, aus dem Bereich des Schätzens bzw. Vergleichens herauszuführen und objektiven Messungen zugänglich zu machen. Dies ist natürlich besonders schwierig, wenn Merkmale wie Fachkönnen und Verantwortung den möglichen Punktzahlen zugeordnet werden sollen. Im letzten Falle versucht man den Wert von Maschine und Arbeitsgegenstand und die Anzahl der Beschäftigten, die im Falle eines Versagens gefährdet werden, zu berücksichtigen. Nicht besser ist es bei der Erfassung psychischer Belastung durch Aufmerksamkeit und Denken. Im Gegensatz dazu bringt aber die Arbeitsphysiologie[1] für die muskelmäßige Belastung in mkg oder kcal und ihren Einfluß auf die Dauerleistungsfähigkeit sowie körperliche Ermüdung brauchbare Grundlagen. Desgleichen für Belastungen durch Lärm, Temperatur usw. [*30*]. Als ein mögliches Beispiel sei die Punktzuordnung (2,5 Punkte) für Lärmbelästigung, gemessen mit dem DIN-Phonmeßgerät in Abb. 17 gezeigt, das etwa den Tarifpartnern Rhld.-Plalz entspricht, besonders bei Teilarbeitswert I.

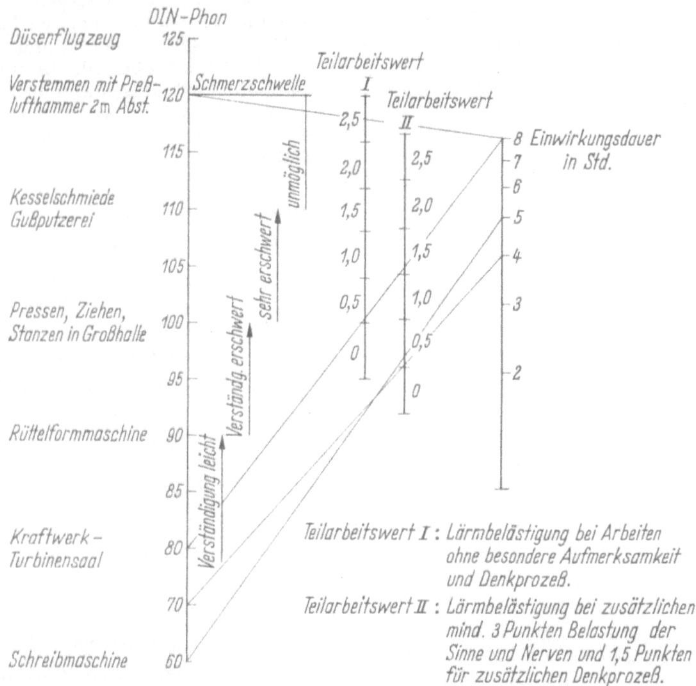

Abb. 17. Bewertungstafel für die Anforderungsart: „Lärm" beim Stufen-Wertzahl-Verfahren, wenn der Höchstpunkt-Teilarbeitswert 2,5 beträgt

c) Arbeitswert (Lohngruppen-Lohnkurve). Die Summe aller Teilarbeitswerte der Anforderungsarten ergibt den eigentlichen Arbeitswert. Das Zuordnen der möglichen Gesamtpunkte einer Arbeit zu Lohngruppen bzw. dieser zu bestimmten Lohnhöhen ist nur eine lohnpolitische Angelegenheit der Tarifpartner. Die dahinter steckenden Bemühungen um einen „gerechten" Lohn werden immer problematisch bleiben. Nicht nur deshalb, weil jeder der beiden Tarifpartner etwas anderes darunter versteht, sondern auch jeder Einzelne nach Herkunft und Gesinnung eine andere Auslegung hat.

---

[1] Lehre von den Funktionen des menschlichen Körpers und seiner Organe bei der Arbeit, wobei unter Arbeit jede bewußt ausgeführte, wertschaffende Tätigkeit, die der Sicherung des Lebensunterhaltes des Einzelnen oder der gesamten Menschheit dient, verstanden wird.

Die Auseinandersetzungen im Form von Lohnkämpfen sind bekannt, sie müssen in einem demokratischem Gemeinwesen als politisch legal und gesellschaftlich natürlich hingenommen werden. Daß die Ansichten über das Verhältnis Vollbeschäftigung, stabiler Geldwert und freie Lohnpolitik stark auseinandergehen, ist verständlich. Daher auch der Wunsch, daß neutrale, volkswirtschaftliche Gutachtergremien wirtschaftliche Daten, Zusammenhänge und Augenblickssituationen feststellen, damit eine Basis für den möglichen Anteil des Lohnes gefunden wird. In Staaten mit Planwirtschaft liegt auch diese Entscheidung bei staatlichen Stellen. In Tab. 7 ist die Zusammenfassung in 8 Lohngruppen mit einem prozentualen Lohngruppenschlüssel von 77,5···133% gezeigt, wobei als Ecklohn der von Lohngruppe V mit 100% im Lohntarif festgelegt wurde. Abb. 18 zeigt das Beispiel der Tarifpartner Rheinland-Pfalz, wobei hier 12 Lohngruppen mit gleichem Stufensprung gebildet sind, der Tariflohn aber für die unterste Gruppe im Lohntarif ausgehandelt ist. Für Lohngruppe 10 z. B. wird dieser tarifliche Mindestlohn mit dem Faktor „1,7117" multipliziert.

Tabelle 7

Zuordnung der Wertsummen zu den Lohngruppen

Lohngruppe	Wertsumme	Verhältniszahl für die Entlohnung %
I	bis 3	77,5
II	4···6	82,5
III	7···9	87,5
IV	10···12	92,5
V	13···15	100
VI	16···18	110
VII	19···21	120
VIII	22···24	133

d) Arbeitsplatzbewertung. Die Bewertung der ausgeführten Arbeit (Arbeitsgang) führt dann nicht zum Ziele, wenn von einer Arbeitskraft im Laufe des Tages verschiedenartigste Arbeit (Wechselarbeit) ausgeführt wird, z. B. Reparaturschlosser, Lager-Ausgeber usw. Man hilft sich dann durch eine sogenannte Arbeitsplatzbewertung (Arbeitsbereichsbewertung) und geht dabei von den überwiegend anfallenden Arbeiten aus, mit Ausnahme der Bewertungsmerkmale Können (Fachkönnen), bei denen die höchsten zu einer gelegentlich vorkommenden Arbeit notwendigen Arbeitskenntnisse (Erfahrung und Geschicklichkeit, Handfertigkeit, Körpergewandtheit) vorhanden sein müssen.

17. Angestelltentätigkeit [31]. Nach den derzeitigen Tarifverträgen für das Land Württemberg-Baden-Hohenzollern werden kaufmännische Angestellte in 5 Gruppen K 1 bis K 5 mit den Tätigkeitsmerkmalen: „Einfache Tätigkeiten, die nach entsprechender Einweisung ausgeführt werden können, wie z. B. Fertigmachen von Post, Abheften und Sortieren von

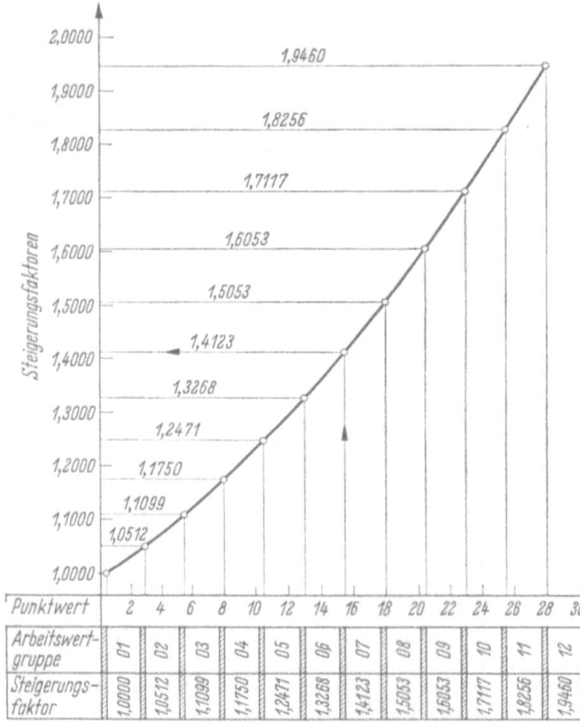

Abb. 18. Funktionslinie der Steigerungsfaktoren

Schriftgut usw." für K1 unterteilt. In K5 fallen Arbeiten wie: „Verantwortliche kaufmännische Tätigkeiten mit Dispositionsbefugnissen oder hochwertige Arbeiten, zu denen besondere theoretische Fachkenntnisse und längere Erfahrung erforderlich sind". Ähnlich summarische Beschreibungen gibt es für die dazwischen liegenden Tätigkeiten, für technische Angestellte von T1 bis T5 und die Gruppen der Werkmeister von M1 bis M4. Die Einteilung der Tarifgruppen für die technische Laufbahn im Tarifgebiet Rheinland-Rheinhessen zeigt Tab. 8. Bei jeder Tarifverhandlung werden dann Gehälter nach Altersstufen und Ortsklassen unterteilt zugeordnet. Die letzte Stufe T5 in Baden-Württemberg bleibt der freien Vereinbarung vorbehalten.

Für eine analytische Arbeitsbewertung der Angestelltentätigkeiten hatten bereits BAUER-BRENGEL in ihrem Bewertungsschema Merkmale, wie Arbeitsselbständigkeit und Sonderausbildung von der gewerblichen oder kaufmännischen Fachschule bis zum abgeschlossenen Hochschulstudium vorgesehen. In der „grauen Broschüre" wurden Merkmale, wie Wendigkeit bei geistiger Arbeit, Gedächtnis, Dispositions-, Gestaltungs- sowie Führungsaufgaben mit je 4 Punkten Bewertungsmöglichkeit aufgenommen. EULER-STEVENS erweiterten ihr Schema für Angestellte um 3 Wertungsbegriffe: Verhalten im Umgang mit Menschen, Disponieren und Aufsicht, so daß alle Arbeiten in Büros der Industrie, des Handwerks, der Handels- und Dienstleitungsbetriebe bewertet werden können. Natürlich ist das Zuordnen der Punkte- oder Gruppen- zu Gehaltsstufen auch hier keine leichte Aufgabe.

Tabelle 8. *Angestelltengruppen nach der Tarifordnung für technische Angestellte in der Industrie*

Gr. T 1 Angestellte ohne Berufsausbildung mit vorwiegend einfacher oder mechanischer Tätigkeit, die allgemeine Kenntnisse aber keine Berufsausbildung erfordert, z. B. Hilfskräfte im techn. Büro, Lager, Labor.

Gr. T 2 Angestellte mit abgeschlossener 3jähriger Lehre oder einer niederen technischen Fachschule für einfache technische Arbeiten, wie Zeichner, Laborant, Hilfskräfte in der Vor- und Nachkalkulation usw.

Gr. T 3 Angestellte mit Berufsausbildung nach T 2 oder technischer Mittelschule, die auf Grund gegebener Unterlagen qualifiziertere techn. Arbeiten erledigen, die eine gewisse Erfahrung erfordern: Arbeitsvorbereiter, Zeitstudienleute mit einfacher Tätigkeit, Bestell- und Termin-, Meßtechniker.

Gr. T 4 Angestellte mit Ausbildung wie T 3, die schwierige technische Arbeiten nach allgemeiner Anweisung unter eigener Verantwortung selbständig erledigen, wie selbständige Konstrukteure, Offert-, Berechnungs-, Versuchsingenieure, Vor- und Nachkalkulatoren, Fertigungs- und Terminplaner.

Gr. T 5 Angestellte mit Ausbildung wie T 3 oder techn. Hochschule mit selbständiger, verantwortlicher Tätigkeit, die umfangreiche Spezialkenntnisse und praktische Erfahrungen erfordert. Ingenieure und Techniker die den Betriebsleiter in seiner Tätigkeit unterstützen und zeitweise vertreten. Projekt- und Offertingenieure für schwierige Anlagen, Gruppenleiter.

Gr. T 6 Angestellte mit besonders verantwortlicher und selbständiger Tätigkeit, soweit sie unter den Geltungsbereich des Tarifvertrages fallen, Abteilungsleiter usw.

Besondere Probleme treten noch bei der Festlegung der Gehälter leitender Angestellter, Direktoren, Geschäftsführer und Vorstandsmitglieder auf. Von ihrer individuellen Leistung, von ihren Entscheidungen, von ihrem Willen zur Zusammenarbeit mit Gleichgestellten hängt meist das Gedeihen eines ganzen Unternehmens ab. Verständlich, daß es dafür keine Tarife, keine Tabellen gibt. Trotzdem versucht man, Anhaltspunkte zu finden, sei es der Umsatz [*32*], die sogenannte Wertschöpfung (Verhältnis Umsatz zu Materialeinsatz), das Verhältnis von Umsatz zu Personalaufwand. Damit ist aber nur ein Teil dieses Unternehmerlohnes abgegolten. Die Bezüge für eine besondere unternehmerische Leistung in wirtschaftlicher, technischer oder organisatorischer Hinsicht, für den Verzicht auf Freizeit im Sinne des 8 Stundentages, werden zusätzlich mit gewinnabhängigen Tantiemen gezahlt. Sie müssen allerdings so bemessen werden, daß die negative Seite des Erwerbsstrebens, nämlich rücksichtsloser Egoismus durch eine augenblickliche Erfolgszielsetzung, nicht die Bemühungen um eine solide Geschäftsführung mit dem Blick auf dauernden, besten Betriebserfolg überdeckt.

18. Leistungs- und Persönlichkeitsbewertung. Wenn vom Wert der menschlichen Arbeit gesprochen wird, muß hinzugefügt werden, daß vielfach freiwillig höhere als die tariflich festgelegten Mindestlöhne und Gehälter gezahlt werden. Es tritt neben die Arbeitsbewertung die Leistungs- und Persönlichkeitswertung. Hier wird die individuelle Leistungsfähigkeit und -bereitschaft abgegolten. Beim Akkordarbeiter wird die besondere Leistung durch Bemessung der Vorgabezeit unter Bezug auf eine überbetrieblich festgelegte Normalleistung berücksichtigt, so daß einer echten Mehrleistung ein entsprechend höherer Akkordverdienst gegenübersteht. Anders beim Zeitlöhner [*33*] oder Angestellten, bei denen durch Festlegen einer personengebundenen Leistungszulage die über eine angemessene Anspannung der körperlichen und geistigen Kräfte sowie Fähigkeiten hinausgehende Leistungshergabe oder Bereitschaft ihren Niederschlag findet. Weitere Persönlichkeitswerte, wie Pünktlichkeit, Ordnungssinn, Pflege von Werkzeug und Maschine, sorgfältige Werkstoffverwertung sowie Charaktereigenschaften wie Einsatzbereitschaft, Kameradschaft bleiben oft unberücksichtigt. Hier ist den Betrieben noch ein weites Feld der Persönlichkeitspflege vorbehalten. Eine für Zeitlöhner, ja selbst zusätzlich auch für Akkordarbeiter abgestimmte Punktbewertungstabelle, die schon vor Jahren in einem größeren Betrieb vom Verfasser eingeführt wurde, zeigt Abb. 19.

Bewertet wird u.a.	Erreichbare Punktzahl				
Bewertungssystem für Leistungszulage					
Leistung nach Menge	normal (100%) 0	befriedigend (100....110%) 1....3	ziemlich gut (110....120%) 4....7	gut (120....130%) 8....10	sehr gut (ab 130%) 11....12
Arbeitsausführung	nicht immer befriedigend 0	befriedigend 1....2	gut 3....4	sehr gut 5	
Ausschuß	häufig 0	selten 1....2	sehr selten 3		
Bewertungssystem für Persönlichkeitszulage					
Sauberkeit und Ordnung — Eindruck am Arbeitsplatz	nicht immer befriedigend 0	befriedigend 1	gut 2	sehr gut 3	
Sorgfalt und Sparsamkeit — im Umgang mit Maschinen, Werkzeugen, Einrichtungen und Material	nicht immer befriedigend 0	befriedigend 1....2	gut 3....5	sehr gut 6....8	
Pünktlichkeit und Beständigkeit — am Arbeitsplatz	unbeständig −2	unpünktlich −1	ohne besondere Merkmale 0	pünktlich 1	beständig 2
Selbständigkeit und Vielseitigkeit (auch Einsatzbereitschaft)	einseitig und unselbständig 0	zieml. selbst. und vielseitig 1	selbständig und vielseitig 2	besond. selbst. und vielseitig 3	
Gewissenhaftigkeit und Zuverlässigkeit — bei der Arbeit	nicht immer befriedigend 0	befriedigend 1	gut 2....3	besonders gut 4	
Mitarbeit, die zur Förderung und Verbesserung der Produktion dient	ohne besondere Merkmale 0	gut 1	sehr gut 2		
Führung und Verhalten — gegenüber Vorgesetzten und Kollegen	mangelhaft −2	nicht immer befriedigend −1	ohne besondere Merkmale 0	gut 1	besonders gut 2

Leistungszulage

1. Leistung bei Zeitlohn- und Akkordarbeiten, wobei Fleiß, Arbeitswilligkeit und Routine eine Rolle spielen
2. Sauberkeit, Genauigkeit der Arbeit
3. Ausschußhäufigkeit, Fehlarbeit, Nacharbeit

Persönlichkeitszulage

1. Eindruck am Arbeitsplatz, beeinflußbarer Zustand der Maschinen, Ordnung bezüglich Bereitstellung von Material und Werkzeugen
2. Zweckmäßige Ausnutzung von Maschinen, Werkzeugen u. Material. Maschinen- u. Werkzeugpflege (Preßluftmißbrauch). Meldung von Schäden, Sparsamkeit mit Pflegemitteln, Wasser, Preßluft, Licht
3. Einhalten der Arbeitszeit (Waschen u. Umkleiden vor Beginn bzw. nach Schluß der Arbeitszeit). Vermeidung unnötiger Spaziergänge, Verlassen des Betriebes
4. Zumindest einwandfreie Arbeitsausführung ohne besondere Anweisung in der der Einstufung entsprechenden Lohngruppe bzw. darüber hinaus
5. Gewähr, daß übertragene Arbeiten ohne stete Kontrolle einwandfrei und verantwortungsbewußt ausgeführt — Verbote und Schutzvorschriften eingehalten werden
6. Aufdeckung von Fehlern, Verbesserungsvorschläge, Befolgung von Arbeitsanweisungen, stete Einsatzbereitschaft. Gewissenhafte Anleitung von Lehrlingen
7. Kameradschaftlichkeit, Verträglichkeit, Verhalten und Einordnung in die Abteilung bzw. Vorgesetzten gegenüber

Abb. 19. Bewertungsschema für eine leistungs- und persönlichkeitsgerechte Zahlung ,,übertariflicher Zulagen". Die Leistungszulage wird nur bei Zeitlöhnern, die Persönlichkeitszulage bei Zeit- und Akkordlöhnern gewährt

III. Fertigungssteuerung

Unter Steuerungsarbeiten versteht man alle Maßnahmen von der Bildung der Werkstattaufträge (Tab. 9) bis zur Kostenüberwachung. Es handelt sich also entsprechend den früheren Begriffen der Betriebsorganisation [34] um ein sinnvolles Zusammenordnen von Arbeiten und technischen Mitteln zur Erzielung einer optimalen quantitativen und qualitativen Betriebsleistung bei sparsamstem Einsatz wirtschaftlicher Güter und damit der Schaffung einer planvollen Ordnung im Betriebe. Grundsätzlich gilt es, Willkür, Zufall und schlechte Gewohnheit zu verdrängen und alle Maßnahmen auf das Endziel auszurichten, also auf die lückenlose Ordnung aller Elemente und die Sicherung einer Mindestwirkung. Wenn dann die Arbeit zwangsläufig termin- und preisgerecht und gut ausfällt, kann das Betriebsziel als erreicht gelten. Dabei geht es in der freien Wirtschaft in der Hauptsache um die *Rentabilität*, in der Planwirtschaft um die volkswirtschaftliche *Bedarfsdeckung*.

Tabelle 9. *Funktionen der Fertigungssteuerung*

Auftrags- vorbereitung	Anstoß	Auftragsvorbereitung durch den Vertrieb, Verkaufsprogramm. Erstellung des Fertigungsprogrammes (Kapazitäts- und Liefermengenabstimmung)
	Klarstellung des Auftragsinhaltes	1. Festlegen der Auftragskennzeichnung (Zahlen, Buchstaben, Kombination) 2. Ermittlung der wirtschaftlichen Losgröße—Auftragsgrößenfestlegung 3. Festlegung der Vorlaufzeiten (Bereitstelltermine für Werkstoffe, Durchlaufzeit für Arbeitsgänge für Einzelteile und Gruppen)
Auftrags- durchführung	Vorbereitung des Arbeitsablaufes	4. Stoff(Material)-Disposition und Steuerung der Materialbewegung (Bedarfsmeldung, Beschaffung) 5. Erstellen der Formularunterlagen für den Auftragsmaterialbezug, die Steuerung des Fertigungsablaufes und die Kostenerfassung 6. Terminfestlegungen
	Arbeitsablauf	7. Bereitstellung und Vorgabe der Aufträge an den Betrieb 8. Überwachungen (Güte, Menge, Termine, Kosten)

A. Auftragswesen

Unter einem Auftrag versteht man allgemein eine innerbetriebliche Mitteilung (Willenserklärung), die die empfangende Stelle zur Ausführung verpflichtet und damit eine Bewegung von Werten auslöst. Aufträge sollen sein:

1. technisch ausführbar   Entwicklungskosten
2. wirtschaftlich interessant   Eigenherstellung
3. terminangemessen   Fremdbezug, wirtschaftl. Losgröße usw.

Zur Auftragsgenehmigung sind nur bestimmte Personen oder Dienststellen befugt: Willenserklärungen von Kunden sind also nur Bestellungen, Willenserklärungen von sonstigen Betriebsstellen nur Bedarfsmeldungen oder Anforderungen. Das Auftragswesen hat die Aufgabe, dem Einkauf, der Fertigung und dem Versand die zu erledigenden Aufträge zuzuweisen, wobei den Anstoß die technisch und kaufmännisch geklärten Kundenbestellungen und die Anforderungen der Vorratsläger geben können.

19. Auftragsarten. Man unterscheidet grundsätzlich zwischen Stammaufträgen aus der angenommenen Kundenbestellung, dem Kundenauftrag oder dem Innenauftrag und Unteraufträgen (Tab. 10).

Über die Bildung des Fertigungsprogramms aus den Kundenbestellungen und den Vorratsaufträgen wurde bereits in Heft 99 — Betriebliche Wirtschaftsplanung — das Wesentliche gesagt, desgleichen über die mengenmäßige Aufgliederung des Fertigungsprogramms in Einzelaufträge und die Festlegung der wirtschaftlichen Losgröße.

20. Auftragskennzeichnung. Voraussetzung für eine zweckentsprechende Arbeitsausführung ist die Kennzeichnung der Aufträge durch Zahlen, Buchstaben oder beide, unter Verwendung einheitlicher Begriffe. Die Auftragskennzeichnung soll möglichst viel eindeutig aussagen, erweiterbar und einprägsam, d. h. leicht erlernbar und zu behalten sein. Deshalb darf sie auch nicht zu lang werden, denn nichts wird im Betriebsleben so oft gesprochen und geschrieben. Die Kürze soll auch Irrtümer vermeiden und eine Einsparung an Stellen beim Lochkartensystem bringen. Die Einprägsamkeit wird oft durch Buchstabeneinschaltung gehoben. Eine Erweiterungsmöglichkeit bringt das Dezimalsystem, jedoch mit dem Nachteil, daß die Untergliederung mehr oder minder gewaltsam in eine Zahl von Begriffen gebracht werden muß, die der Zehnerreihe entsprechen, wenn man nicht einen großen Zahlenverlust in Kauf nehmen will.

Tabelle 10. *Übersicht über die Arten von Aufträgen*

Außerbetrieblich	Innerbetrieblich	
	Stammaufträge	Unteraufträge
Kundenbestellung	Kundenauftrag Lagerversandauftrag Vorratsauftrag Betriebsauftrag (Anlagen, Reparatur)	Einkaufs-, Lagerannahme-, Lagerabgabeauftrag, Fertigungsauftrag im weitesten Sinne, Entwicklungs-, Konstruktions-, Förder-, Bearbeitungs-, Prüf-, Verpackungs-, Versandaufträge

Die *erste* Ziffer der Auftragskennzeichnung kann z. B. bedeuten:

0 Kundenaufträge auf vorrätige Maschinen und Handelswaren
1 Kundenaufträge auf nicht vorrätige Maschinen und Handelswaren
2 Vorratsaufträge auf Maschinen
3 Vorratsaufträge auf Ersatzteile
4 Kundenaufträge auf vorrätige Maschinenersatzteile. Montagen
5 Kundenaufträge auf nicht vorrätige Maschinenersatzteile. Montagen
6 Betriebsaufträge auf besondere Ersatzleistungen und Gewährleistungen
7 Eigenleistungen: Materialveredlung, Großreparaturen, Eigenanlagen
8 Gemeinkostenleistungen: Weiterentwicklung von absatzfähigen Erzeugnissen, Herstellung von Modellen und Werkzeugen, Kleinreparaturen, Ausschuß- und Ersatzleistungen

Die *zweite* Ziffer kann die Erzeugnisarten, z. B. verschiedene Maschinengruppen, bezeichnen; bei den Auftragsarten 6···8 ist eine solche Unterteilung bereits angedeutet. Eine *dritte* Ziffer kann dann die Anzahl der jeweilig erteilten Aufträge oder das Jahr der Auftragserteilung angeben und weitere statistische Aufteilungen ermöglichen.

Besondere Nummerngruppen außerhalb der obigen Systematik bilden feste *Gemeinkostenauftragsnummern* für Materialien und Hilfslöhne, die sich meist aus der Kostenarten/Kostenstellen-Nr. zusammensetzen und die die Dienststellenleiter ohne Gegenzeichnung ausschreiben können, soweit sie einen bestimmten Betrag nicht überschreiten.

Das Auftragswesen wird so in die Gesamtorganisation eingegliedert, daß bei Lieferung ab Lager die *Verkaufsabteilung* die Lagerversandaufträge ausstellt, während die Kunden-, Vorrats- und Betriebsaufträge zwecks richtiger Fertigungssteuerung in der *Arbeitsvorbereitung* ausgeschrieben werden.

21. Auftragsüberwachung. Für die Überwachung ist es erforderlich, daß für jeden Auftrag eine Karteikarte erstellt wird, aus der alle Kenndaten und der jeweilige Bearbeitungsstand ersichtlich sind, also: Objekt, Kunde, Liefertermin...

Auftrag erteilt	Material vorhanden	Endtermin . . . .
Zeichnung fertig	Werkzeuge, Vorrichtg. . . .	Ausgeliefert . . . . . .
Arbeitspläne erstellt . . .	Auftrag an Betrieb	

Über den eigentlichen Arbeitsfortschritt je Teil, Arbeitsgang usw. gibt dann die Terminkarte oder der Arbeitsfortschrittsplan Auskunft.

B. Arbeitsablauforganisation [35]

Einleitung und Durchführung des Arbeitsablaufs erfordern Unterlagen für

Materialbezug (mengenmäßige Erfassung des Werteflusses und rechtzeitige Bereitstellung der Rohstoffe, Halbzeuge, Norm- und Bezugteile),

Fertigungsablauf (Werkstattaufträge, Arbeitsvorgabe, Lieferungssteuerung) und

Kostenerfassung (Betriebsabrechnung, Kalkulation).

Bevor man jedoch dazu Formulare ausarbeitet, muß man sich über den Arbeitsablauf ein klares Bild machen. Seine Festlegung ist Voraussetzung dafür, daß in unserer arbeitsteiligen Wirtschaft, z. B. eine Maschine, ein Haushaltsgerät oder eine Anlage aus oft Hunderten von Teilen in Tausenden von Arbeitsvorgängen in vielen, oft weit auseinander liegenden Werkstätten hergestellt und termingerecht zusammengebaut werden kann. Da kann man nicht mehr sagen: „Fangen wir doch an, das weitere wird sich schon zeigen —", sondern jede kleinste Einzelheit muß vorbedacht sein, damit nicht plötzlich notwendig werdende Klärungen den Arbeitsfluß unterbrechen.

22. Arbeitsablauf. Die vom Fertigungsplaner aufgestellte Ordnung der Arbeitsgänge (Stammkarte) mit Angabe der Materialien, Arbeitsplätze, Maschinen und Werkzeuge enthält die Unterlagen für die Belege, die in Büros, Lager, Werkstätten und Versand die Arbeitsausführung auslösen.

Die Ablaufplanung ist am einfachsten im *Handwerks*- oder *Reparaturbetrieb*, wo man möglichst wenig Schreibarbeit und Formulare aufwendet und nach Kennzeichnung der notwendigen Arbeit alles weitere dem ausführenden Meister überläßt. Hierbei kommt es hauptsächlich auf eine einfache Material- und Kostenerfassung an. Verhältnismäßig einfach ist der Arbeitsablauf auch in der *Einstoffherstellung*

	Labor	Betriebs-leitung	Meister	Arbeiter	Kosten-rechnung
Rezeptur: Stoffeinsatz Fertigungsplan					
Abstellen der Rezeptur					
Ausstellen des Chargen-berichtes nach Rezeptur					
Disposition nach Chargenbericht					
Arbeitsausführung					
Notieren des Iststoffverbrauches auf Chargenbericht					
Notieren des Ausstoßes auf Chargenbericht					
Notieren der in Anspruch genommenen Kostenstellen auf Chargenbericht					
Notieren der Zeiten des Anfangs und des Endes je Kostenstelle					
Weiterleiten der Chargenberichte					
Vorkontierung der Chargenberichte					
Stoffverbuchung					
Kostenrechnung					
Auswertung					

Abb. 20. Arbeitsablauf in der chemischen Industrie

und der *chemischen Industrie*, wie dies z. B. die Abb. 20 zeigt [36]. Im einfachsten Fall der *Maschinenindustrie* wird nach der Materialbereitstellung auf einer Arbeitsbegleitkarte der Arbeitsvorgang in seiner Folge unter Kennzeichnung der beteiligten Werkstätten festgelegt und die weitere Arbeitsausführung dem Meister überlassen (Abb. 21). In der höheren Organisationsstufe wird weiter angegeben, wie und mit welchen Mitteln die Arbeit im einzelnen auszuführen ist, welche Zeit dabei gebraucht wird, während die höchste Stufe auch die Folge der Arbeitsvorgänge mit Zeitangaben genau festsetzt.

Abb. 22 zeigt die Auftragserledigung im Rahmen einer größeren Arbeitsvorbereitung, den Zusammenhang mit den Vorabteilungen und Werkstätten und der Betriebsabrechnung. Den einfachsten, verständlichsten und zwangsläufig abschließenden Ausdruck dafür gibt der organisatorische Ablaufplan nach Abb. 23, denn aus ihm ist der gesamte Vordruckumlauf und die damit zusammenhängende Arbeit der einzelnen Betriebsstellen übersichtlich zu erkennen. Es gibt eine Vielzahl weiterer Darstellungsmöglichkeiten; auf einzelne wird noch in Abschn. III. C (S. 48) und D (S. 52) hingewiesen.

23. Ordnungs- und Organisationsmittel [37] Die Mannigfaltigkeit der im Industriebetrieb zu erfüllenden Aufgaben erfordert die Anwendung geeigneter Ordnungskennzeichen und -einrichtungen (Organisationsmittel).

a) Als Ordnungskennzeichen werden Worte, Buchstaben und Ziffern verwendet. Kennworte sind z. B. Konten, Kontenklassen, Kostenstellen, -arten, -träger, die oft auch durch Buchstaben, z. B. Kasse = K, oder Buchstabenzusammenstellungen, z. B. Arbeitsvorbereitung = AV, technisches Büro = TB, erweitert werden. Der Vorteil beruht auf der Kürze bei guter mnemotechnischer Einprägsamkeit (vgl. auch Abschn. 20), er entfällt bei Ziffern- und Zifferngruppen, dafür ist hier aber das Anwendungsgebiet unbegrenzt.

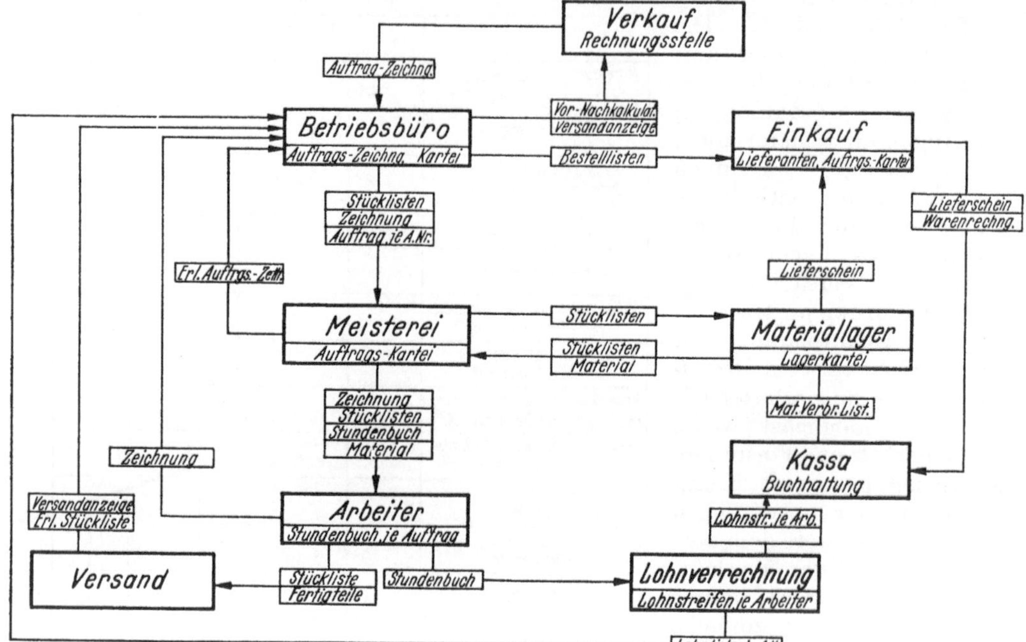

Abb. 21. Einfacher Arbeitsablauf im Klein- und Reparaturbetrieb

b) Organisationsmittel. Einer der Hauptgrundsätze neuzeitlicher Organisation lautet: „Möglichst vieles schriftlich niederlegen, aber möglichst wenig schreiben!" Einen Weg hierzu weist der *Vordruck* [37], der so gestaltet wird, daß er in Maschinen- oder Handschrift im Durchschreibeverfahren, mechanischem Umdruck oder Lochstreifenschreibern ausgeschrieben werden kann, und daß immer wiederkehrende Leitworte, wie z. B. die Auftrags- und Zeichnungsnummern usw., soweit vorgedruckt sind, daß über die Ausführung keine Zweifel bestehen können. Außerdem findet man dann alle interessierenden Angaben immer an der gleichen Stelle und sie müssen nicht jedesmal neu ausgeschrieben werden (Abb. 24). Die Gestaltung selbst ist gekennzeichnet durch Inhalt, Form und Formatwahl als Teil der künstlerisch-typographischen Ausarbeitung. Die Anordnung des Inhaltes soll so sein, daß vol!ständige Ausfüllung erzwungen wird (Abb. 25), wobei der Arbeitsablauf — Leitweg unter Rücksichtnahme auf die Qualität der Mitarbeiter und der zu erwartenden Schwierigkeiten bei der sachlichen Bearbeitung festgelegt — ein wichtiges Ordnungsmerkmal ist, gekennzeichnet durch Buchstaben, Symbole oder direkte Bezeichnungen, z. B. am unterem Rande angebracht (Abb. 26). Die Formatwahl beeinflußt die Wirtschaftlichkeit der Herstellung, die Unterbringung und Aufbewahrung daher möglichst DIN-Format (2 cm Heftrand nicht vergessen); wichtig ist aber auch die Kennzeichnung der Formulare, die Auflage und Druckzeit.

Eine besondere Form desVordruckes ist das Kuponsystem, bei dem das im Durchschreibe- oder Vervielfältigungsverfahren ausgeschriebene Auftragsformular durch zweckmäßige Perforation (Abb. 27) in Einzelformulare so zerlegt wird, daß der Papierumlauf gering bleibt. Im vorliegenden Fall trennt sich jede beteiligte Meisterei den für sie in Frage kommenden

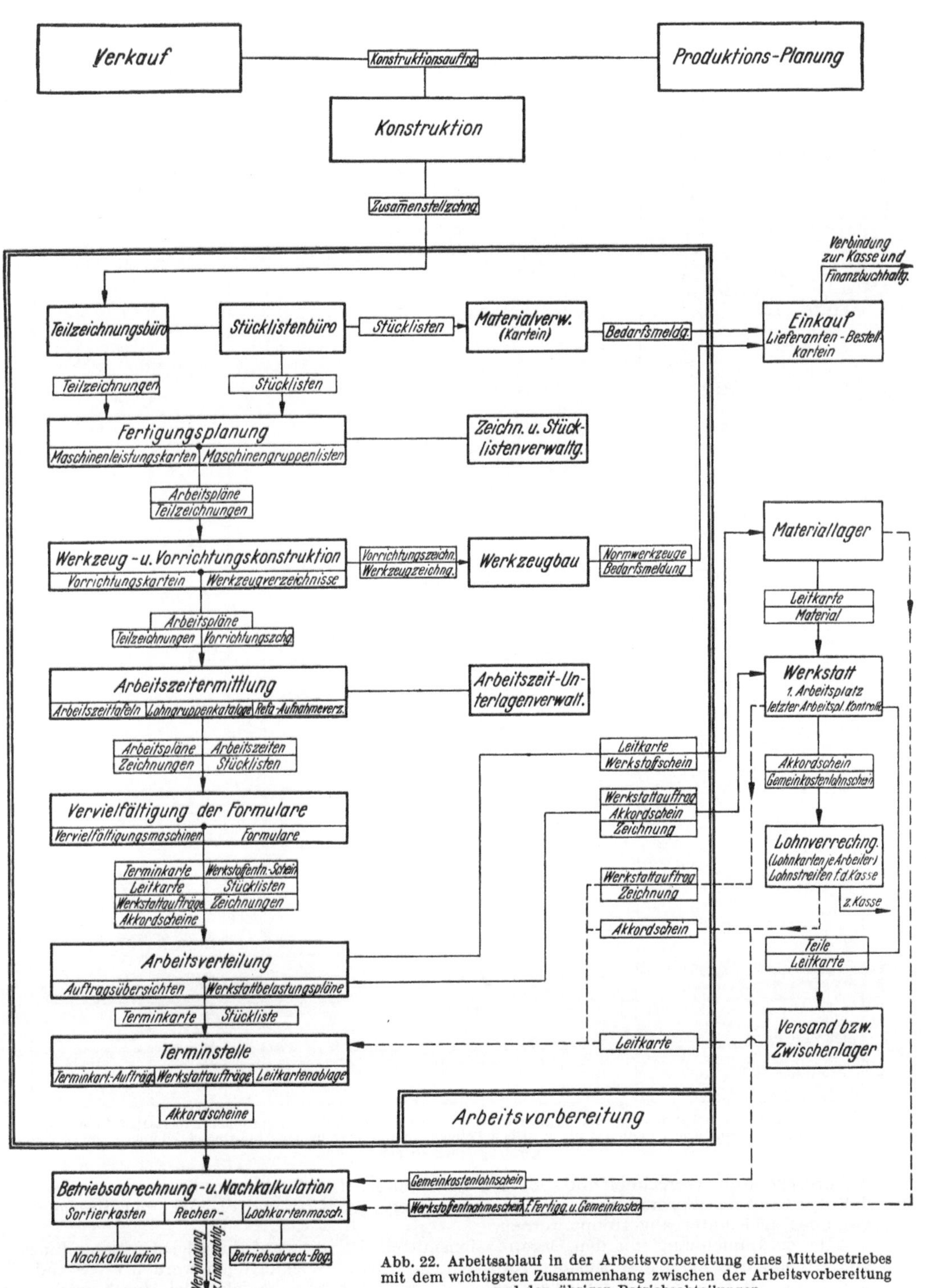

Abb. 22. Arbeitsablauf in der Arbeitsvorbereitung eines Mittelbetriebes mit dem wichtigsten Zusammenhang zwischen der Arbeitsvorbereitung und den übrigen Betriebsabteilungen

3*

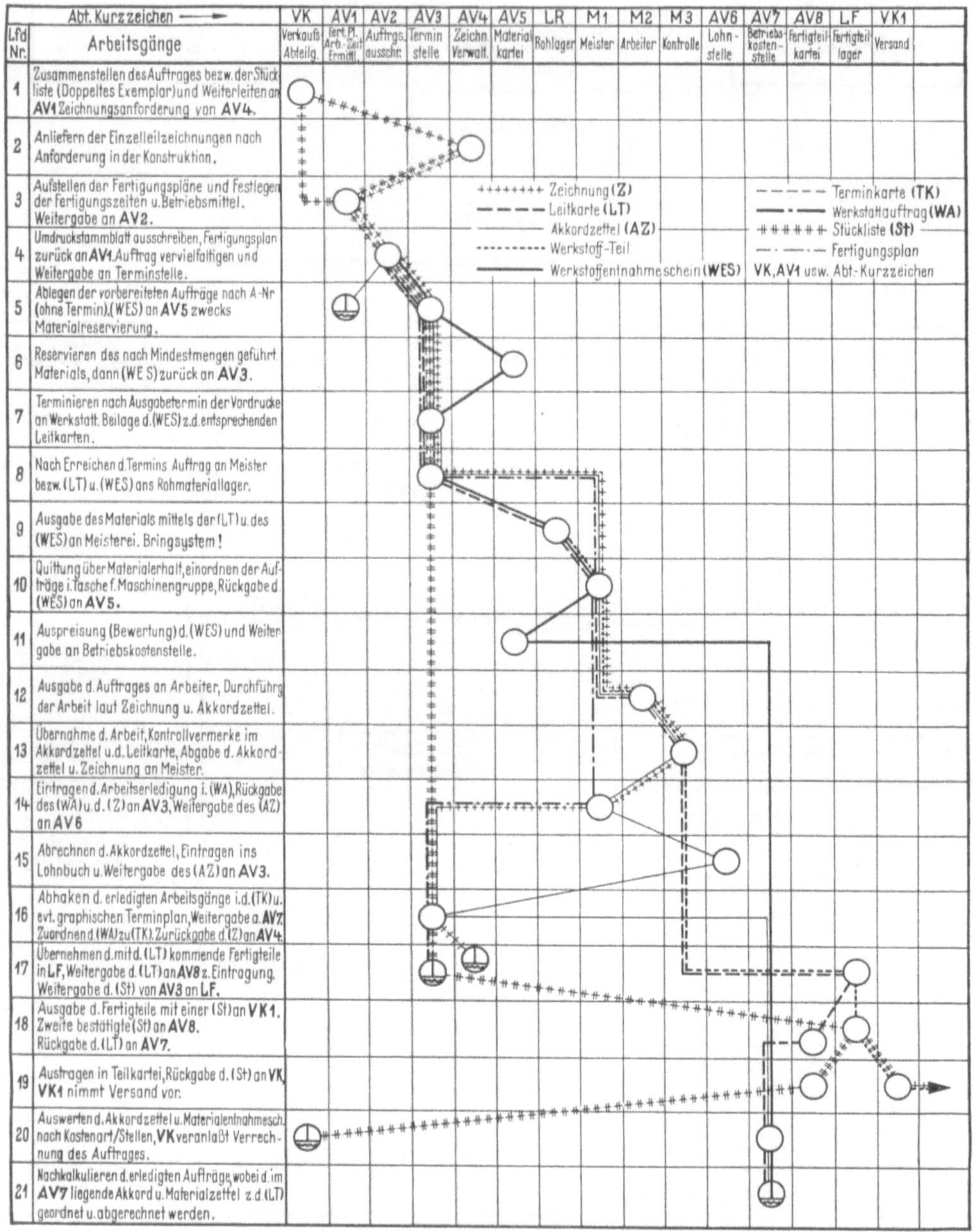

Abb. 23. Organisationsschaubild für eine Teilefertigung. Man kann auch für jeden einzelnen Arbeitsablauf ein besonderes Bild entwickeln, wobei dann für die einzelnen Tätigkeiten an die Stelle der Arbeitsbeschreibungen Sinnzeichen gesetzt werden können

Akkordschein ab, verrechnet und gibt den Rest weiter. Die Anordnung kann auch so sein, daß der Kopf des Formulars auf der Unterseite angebracht ist und die Arbeitsgangscheine von oben nach unten abgetrennt werden.

Im Zusammenhang mit den Organisationsmitteln ist noch auf die wichtige Sammlung von Arbeitsunter agen in Form der *Kartei* hinzuweisen. Blockkarteien werden als Stand- und Hängekarteien raumsparend verwendet, während Schuppenkarteien sich durch größere

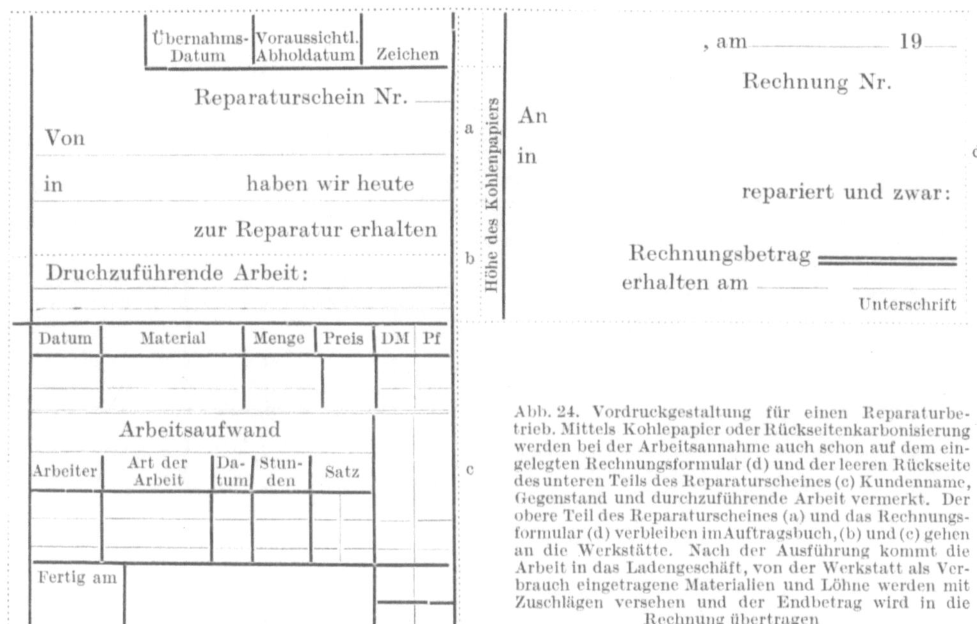

Abb. 24. Vordruckgestaltung für einen Reparaturbetrieb. Mittels Kohlepapier oder Rückseitenkarbonisierung werden bei der Arbeitsannahme auch schon auf dem eingelegten Rechnungsformular (d) und der leeren Rückseite des unteren Teils des Reparaturscheines (c) Kundenname, Gegenstand und durchzuführende Arbeit vermerkt. Der obere Teil des Reparaturscheines (a) und das Rechnungsformular (d) verbleiben im Auftragsbuch, (b) und (c) gehen an die Werkstätte. Nach der Ausführung kommt die Arbeit in das Ladengeschäft, von der Werkstatt als Verbrauch eingetragene Materialien und Löhne werden mit Zuschlägen versehen und der Endbetrag wird in die Rechnung übertragen

Übersichtlichkeit auszeichnen. Signalplättchen, farbige Karteireiter, Merkmale mittels Einkerbungen, fortlaufende Numerierung als Verlustsicherung usw. erhöhen die Übersichtlichkeit und wirken arbeitsparend.

Eine wesentliche Arbeitshilfe bringen weiter *Büromaschinen* verschiedenster Art. Bei den Schreibmaschinen ist auf genügende Durchschlagskraft, Setztabulator zum Rechnungs- und Listenschreiben (Auswerfen von Zahlen), richtige Anschlagregelung und Geräuschdämpfung sowie Anpassung der Maschine an die jeweilige Arbeit durch Auswechselbarkeit des Wagens zu achten. Dabei erreicht man meist eine Leistung von 180—200 Anschlägen/Minute, wobei die eigentliche Schreibleistung über den Arbeitstag, einschl. Papiereinspannen, Korrekturen, Pausen usw. nur rd. 100 ergibt, beim Schreiben von schwierigen ORMIG-Originalen sogar nur 40 bis 60 Anschläge/Minute.

Bei den Schreib- und Buchungsmaschinen geht der Weg vom aufsetzbaren Addierwerk zum festeingebauten, teils saldierenden Querwerk, teils addierenden Senkrechtwerken zur durch leichten Tastenanschlag ausgelösten elektrischen Schreib- und Buchungsmaschine. Nichtschreibende Maschinen mit Hebel- oder Tasteneinstellung sind, im Grunde genommen, reine Addiermaschinen. Die schreibenden Addiermaschinen, ob sie nun mit zehn Tasten oder mit Volltastatur arbeiten, sind fast durchweg zu Buchungsmaschinen entwickelt. Addier- und Buchungsmaschinen, von der Kleinbuchungsmaschine mit Saldierwerk, die automatisch den Buchungsbetrag druckt und bis 12 Buchungssymbole schreibt, über die Hochleistungsmodelle mit Zehn- oder Volltastatur und zahlreichen Speicherwerken, haben die Mechanisierung der Buchungsarbeiten außerordentlich gefördert.

Die Entwicklung geht allgemein von der mechanischen zur elektromechanischen (Relaistechnik) und von da zur elektronisch (elektronische Röhren und Transistoren, die kontaktlos und masselos arbeiten) gesteuerten Büromaschine.

Die Einführung einer zweckentsprechenden Fertigungssteuerung bringt zunächst eine Vermehrung der Verwaltungs- und Schreibarbeit. Sie kann jedoch straff zusammengefaßt und infolge gleichmäßigen Anfalls weitgehend maschinell erledigt werden. Das Durchschreiben auf der Maschine ist als eines der ältesten Vervielfältigungsverfahren bekannt. Ebenfalls billig ist das Lichtpausverfahren für Zeichnungen und Stücklisten usw., besonders als Zwischenoriginal vielseitig verwendbar. Als *Vervielfältiger* stehen Abzieh- und Schablonengeräte (Flach- und Runddrucker) zur Verfügung. Um das Stammblatt (Original) für den Flachdruck auf der Schreibmaschine oder von Hand herzustellen, legt man unter ein Kunstdruckpapier ein hektographisches Farbpapier mit der Farbseite zum Papier gerichtet, so daß auf

Abt.	Eingang	Verkauf	Buchhaltg.	Werbe-Abt.		
Dat.						
Zeich.						

FABO	DML	DMV	DBA
ausgestellt	Ausgabe	verbucht	verrechnet

Abb. 25. Drucktechnische Anordnungen für Formulare

A	B	C	D	E	F	
Name						
Beruf						
Ort						
Straße						

Name
Beruf
Ort
Straße

Abb. 26. Arbeitsablauf-Leitweg auf dem unteren Rand eines Formulars, der zugleich vollständige Ausfüllung erzwingt und jederzeit leichte Kontrolle ermöglicht

Akkordschein

(Einzelfertigung)

	Erzeugnisgruppe:		Gewicht kg/Stück			Termin	
		Einsatz:	Roh:	Fertig:		Fertig	· · 196
Blatt:	Teil:	Sach-Nr.	Wirtschaftl. Mindest-Menge	Anzahl d. Kern	Formbl. Lfd. Nr.	An Werkstatt ausgegeben	· · 196
von Blatt							
Geschr.		Zeichnung ja				Rohmaß bew. Modell Nr.	
Tag:		geht mit: nein	Gattierg.	Brinellh.	Werkstoff:		

Auftrag-Teil-Nr.	Stück-zahl	Kontrolle		Arb.-gang	Arbeits-Vorgang	Kosten-stelle	Maschine	Rüst-zeit	Zeit je Einheit	Faktor	Vorsch.	Schnittg.	Betriebsmittel	Termin	
		Gut	Ausschuß					Minuten/100	t_a-Min.	Spänez.	Umdreh.			Abteilg.	erledigt
ANr.			zu verrech.												
TNr.			nicht verrechnen	4											
Kosten-art															
ANr.			zu verrech.	3											

Abb. 27. Formulargestaltung des Kuponsystems, wobei sich jede der beteiligten Meistereien z. B. von unten nach oben den zugehörigen Akkordschein abtrennt. Nach Arbeitserledigung

der Rückseite ein spiegelbildartiges Negativ entsteht. Folgende Angaben mögen als Beispiele dienen.

Beim Umdruck mittels RENA-AV-Gerät liegt das Original mit der Farbseite nach oben auf dem Druckpult und ist mit einer Klemmleiste gehalten (Abb. 28). Das in die Druckrolle des von Hand bewegten Schlittens eingeschobene Leerformular wird mit einer alkoholischen Lösung angefeuchtet und abgezogen. Nachdem die Ganzseitenabzüge für Kostenkarten, Werkstattaufträge, Terminkarten und Begleitkarten hergestellt sind, kann man durch Betätigung entsprechender Transporthebel für Material-, Lohn- und Akkordscheine auch zeilenweise umdrucken, wobei der nicht gewünschte Text durch entsprechende Papierblenden abgedeckt wird. Das Gerät ist infolge seiner Billigkeit selbst für kleine Betriebe wirtschaftlich, wobei von einem Negativ bis 60 gut lesbare Abzüge gemacht werden können, bei sorgfältiger Originalbehandlung auch mehr.

Auch beim ORMIG-Verfahren erhalten die Originale durch Unterlegen eines Spezialblaupapiers beim Ausschreiben eine abzugfähige Spiegelschrift. Das Umdrucken erfolgt auf Universalmaschinen, die von Hand oder elektrisch angetrieben, mit dem Fuß oder automatisch gesteuert sind (Abb. 29). Bei der 1. Umdrehung spannt sich das Original auf die Trommel, die zu bedruckenden Formulare werden selbsttätig vom Stapel abgenommen, angefeuchtet und abgezogen. Sich für jeden Auftrag ändernde Angaben, wie z. B. Auftragsnummer, Stückzahl, Fertigungstermin usw. drucken leicht einstellbare Stempelwerke gleichzeitig mit (Abb. 30). Nach dem ganzseitigen Abdruck können für z. B. Akkordscheine Kopf- und jeweilige Arbeitsgangspalte gleichzeitig abgezogen werden. Auch hier können je nach der Qualität des verwendeten Farbpapiers 60 bis 150 Abzüge von einem Original gemacht werden; diese Maschinen wer-

Abb. 28. RENA-Flachdruck-Vervielfältiger mit aufgelegtem Original (RENA-Büromaschinenfabrik GmbH, Deisenhofen b. München). *a* Druckpult; *b* Druckwagen; *c* Feuchtbehälter

Abb. 29. ORMIG-AY I-Universalvervielfältiger, der als Runddrucker arbeitet. Vollautomatisch mit Stempelwerken. Kopf- und Arbeitsgangspalten werden in einem Durchlauf umgedruckt. Elektronische Zusatzsteuergeräte ermöglichen das Herausziehen verschiedener Zeilenkombinationen, z. B. aus Stücklisten u. dgl. (ORMIG-Organisationsmittel GmbH, Berlin-Tempelhof und Bad Oeynhausen)

den infolge ihrer schnellen Arbeitsweise allen Anforderungen selbst großer Betriebe gerecht. Bei neueren ORMIG-Modellen ist es auch möglich, mittels einer fotoelektrischen Wählautomatik durch einfaches Abstreichen von Norm-Handels- und Eigenfertigungsteilen in eigenen Spalten der Stückliste, die Auszugslisten automatisch zeilenmäßig zusammengezogen, abgezogen zu erhalten. Zu beachten bleibt, daß der Formularkopf um soviel häufiger umgedruckt werden muß, umsomehr Zeilen (Arbeitsgänge) im Fertigungsplan vorhanden sind. Der Kopf ist daher oft schnell verbraucht. Zum schnellen und fehlerlosen Schreiben der Originale können elektrische Schreibmaschinen verwendet werden, die beim Schreiben nach einem schon vorhandenen Lochstreifen arbeiten und gleichzeitig außer den beschriebenen Bögen DIN A 4 einen neuen Lochstreifen mitliefern (Abb. 31), der später, in die Maschine eingespannt, eine neue automatische Niederschrift mit 600 Anschlägen/Minute praktisch rd. 300 Anschläge/Minute Arbeitsgeschwindigkeit ergibt. Die Niederschrift des Umdruckoriginals kann durch ein Stoppsignal beliebig unterbrochen und es können von Hand neue Auftrags-Nummern, Stückzahlen, Termine, Fertigungsgangänderungen usw. eingeschrieben werden, die nun mit auf den neuen Lochstreifen kommen. Selbstverständlich können auch Auftragsstücklisten usw. mit Hilfe von Lochstreifen geschrieben werden. Der für die Beschriftung eines DIN A 4-Formulars erforderliche Streifen kostet etwa 12···15 Pf und kann beliebig oft benutzt werden. Wird dem Flexowriter noch z. B. ein IBM (Internationale Büromaschinenfabrik, Sindelfingen)-Kartenlocher angeschlossen, so entstehen z. B. neben dem Fertigungsplan während der Beschriftung auch gleich Material-Entnahmescheine, Lohn- bzw. Akkordscheine usw. als Lochkarten.

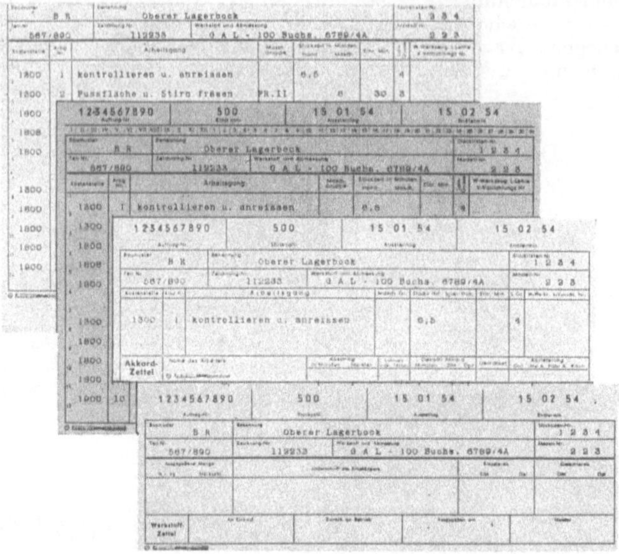

Abb. 30. Formularsatz mit Original, Terminkarte (Werkstattauftrag, Leitkarte und Kostensammelkarte, ebenfalls ganzseitig, sind weggelassen), Akkordschein und Werkstoffentnahmeschein, nach dem Ormigverfahren hergestellt, wobei die sich für jeden Auftrag ändernden Daten im Original fehlen und in allen anderen Belegen auf dem oberen Rand von Stempelwerken beim Abziehen mit eingedruckt sind

Hochdruckvervielfältiger arbeiten entweder mittels auf normaler Schreibmaschine beschriebener Aluminiumfolie (*Multigraph*) oder mittels auf besonderen Prägemaschinen geprägten Aluminiumplatten (*Adrema*). Bei beiden Verfahren können eine praktisch unbegrenzte Anzahl von Abzügen gemacht werden und die Stammfolien bzw. Prägeplatten altern nicht, wie bei den vorher beschriebenen, allerdings billigeren Verfahren. Hochdruckvervielfältiger eignen sich daher besonders für Unternehmen mit sich nur unwesentlich ändernder, immer wiederkehrender Serienfertigung, da selbst nach Jahren gleichmäßig saubere Abdrucke erreicht werden. Auch beim *Multigraph*-Vervielfältiger ermöglichen Nummernwerke (Abb. 32) den Mitdruck sich ändernder Stückzahlen, Auftragsnummern usw. Sollen auf Akkordscheinen nur bestimmte Arbeitsgänge lesbar sein, besorgt dies ein Sicherheitsraster, der

Abb. 31. Schreiben von Umdruckoriginalen mit dem Friden-Flexowriter, wobei Änderungen auch nachträglich mit der Hand eingetragen werden können (Friden GmbH, Nürnberg 2)

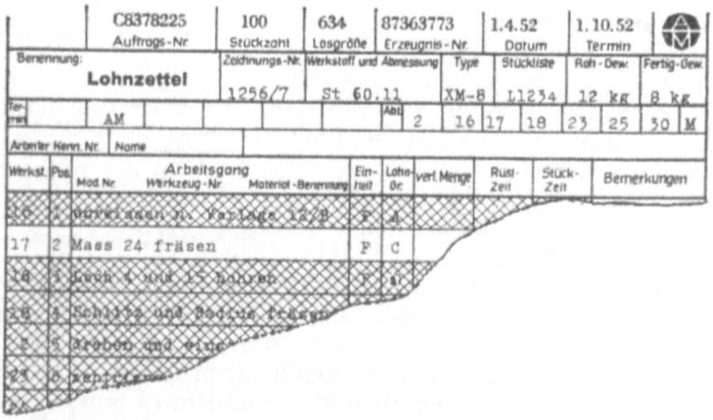

Abb. 32. Auf einem Multigraph-Runddrucker-Spezialmodell für Arbeitsvorbereitung abgezogener Lohn- bzw. Akkordschein, wobei die nicht interessierenden Arbeitsgänge durch einen Sicherheitsraster abgedeckt sind (Adressograph-Multigraph GmbH, Frankfurt-Oberrad)

nur die Zeile lesbar erscheinen läßt, die gewünscht ist. Alle Formulare haben dabei dann das gleich große Format. — Die Metallplatten für das *Adrema*-Verfahren werden auf elektrischen Prägemaschinen (evtl. im Herstellerwerk) geprägt. Der Abdruck selbst erfolgt auf Hand- oder elektrisch gesteuerten Druckmaschinen (Abb. 33). Für jedes Teil sind eine Leit- bzw. Kopfplatte, bei mehreren Arbeitsgängen nötigenfalls mehrere Folgeplatten anzulegen. Auf den Platten ist Platz für einen 8zeiligen Text. Für veränderliche Ergänzungsangaben (Auftrags-Nr., Stückzahl, Termin, Ausstelltag) dient eine oberhalb des Plattendruckfeldes befindliche Ziffernrolle, so daß man diese Angaben nicht auf die feste Platte zu nehmen braucht (Abb. 34). Im Gegensatz zu den vorher beschriebenen Matrizendruckern können die Druckplatten mit Reitern, Nocken oder Löchern zum selbsttätigen Auswählen — Drucken, Nichtdrucken — einzeln oder kombiniert ausgerüstet werden, so daß mit entsprechenden Auswahleinrichtungen an den Druckmaschinen der Formulardruck wesentlich beschleunigt werden kann.

c) **Lochkarten als Organisationsmittel** [*38*]. Die Auswertung der Erhebungsbögen anläßlich der amerikanischen Volkszählung im Jahre 1880 dauerte 7 Jahre. Die Vordrucke mußten so oftmal sortiert und gezählt werden, wie in den einzelnen Feldern Alters-, Berufs-, Standes- oder Religionsangaben markiert waren. Dr. HERMANN HOLLERITH, Sohn eingewanderter Deutscher, versah die zutreffenden Stellen der Zählblätter mit Löchern und fühlte diese in einer Kontaktpresse mit ebensoviel Kontaktstiften ab, wie Felder vorhanden waren. Traf ein Kontakt auf ein Loch und das darunter befindliche Quecksilbernäpfchen, so schloß er einen Stromkreis, und der Zeiger einer zugeordneten Zähluhr rückte um eine Einheit weiter. Die Lochkarte war geboren.

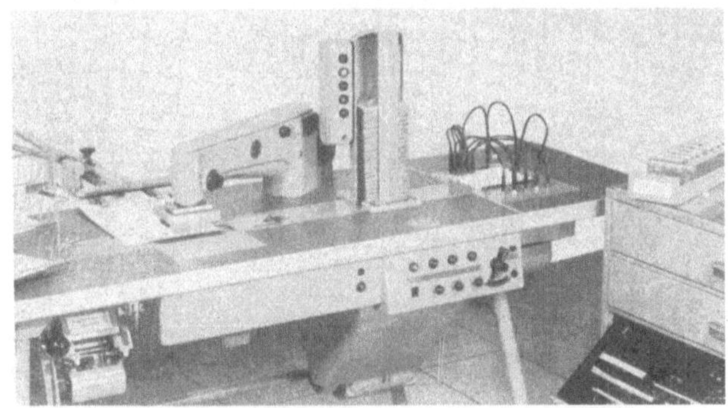

Abb. 33. Elektrische ADREMA-Druckmaschine mit 5fachem Lichtsignal. Rechts ist die Prägeplattenzufuhr, daneben im Tisch die elektrische Auswahleinrichtung für 37 Reiter mit beliebiger Kombination (ADREMA-Werke GmbH, Berlin 21)

Bei der heutigen Datenverarbeitung geht man einen Schritt weiter und zwar dort, wo die unterschiedlichsten, in Lochkarten oder Lochstreifen niedergelegten Informationen nach verschiedensten Gesichtspunkten — technisch, betriebswirtschaftlich — ausgewertet werden sollen. Denn das bedeutendste und vorteilhafteste Merkmal der Lochkarte ist ihre leichte Sortierbarkeit, wobei die Zuordnung aller notwendigen Angaben auf eine meist „80stellige" Lochkarte aus hartem Karton eine gewisse Systematisierung und Konzentration der Daten erfordert. Die Lochung der Karten erfolgt auf schreibmaschinenartigen Lochern, dann folgt das Prüfen, dort leuchtet ein rotes Lämpchen auf, wenn die nochmals getippten Zahlen und Worte nicht mit der Lochung übereinstimmen. Technisch gesehen ist diese Lochkarte nun das Steuerelement, das mittels Bürsten und Kontaktwalzen abgefühlt elektrische Impulse zur Betätigung von Sortier-Vergleichs-, Misch-Doppel, -Rechen- und Schreibwerken auslöst. Das heißt, die Ergebnisse können in Klartextlisten oder beschrifteten Formularen für die verschiedensten Aufgaben schnell bereitgestellt werden.

Datenverarbeitungsanlagen führen die Befehle mit unvorstellbarer Geschwindigkeit aus, übernehmen die Funktion mehrerer Einzelmaschinen und lassen auf Grund eines einmal erstellten (Schalt)Programms Sortier-, Misch- und Rechenvorgänge, sowie Druckarbeiten beliebig oft durchführen. Die Abläufe konventioneller Lochkartenanlagen können durch elektronische Rechenanlagen wegen ihrer Speichermöglichkeit und hohen Rechengeschwindigkeit noch schneller bewältigt werden. An Stelle der Lochkarten treten Magnetbänder, die überhaupt neue Möglichkeiten organisatorischer und planungsmäßiger Art erschließen.

Die vorgelochten Lohn- und Materialkarten sowie gedruckten Arbeitsbegleitpapiere werden vorerst als Unterlagen für die Disposition vor der Arbeitsausgabe, als auch als Rückmelde-, Kontroll- und Auswertungsunterlagen nach der Arbeitserledigung die organisatorisch beste Lösung ergeben. Entwicklungen mit Hilfe von Fernschreibern aus Formularen oder Lochkarten stammende Auftragsdaten gleichzeitig an verschiedene Stellen durchzugeben bzw. nach einem Programm nur die jeweils bei den verschiedenen Empfängern wichtigen Kenndaten, weisen den Weg zur belegarmen Fertigungssteuerung und Abrechnung. Denn über jeweils dezentral aufgestellte Sende- bzw. Eingabegeräte lassen sich von z. B. der Ma-

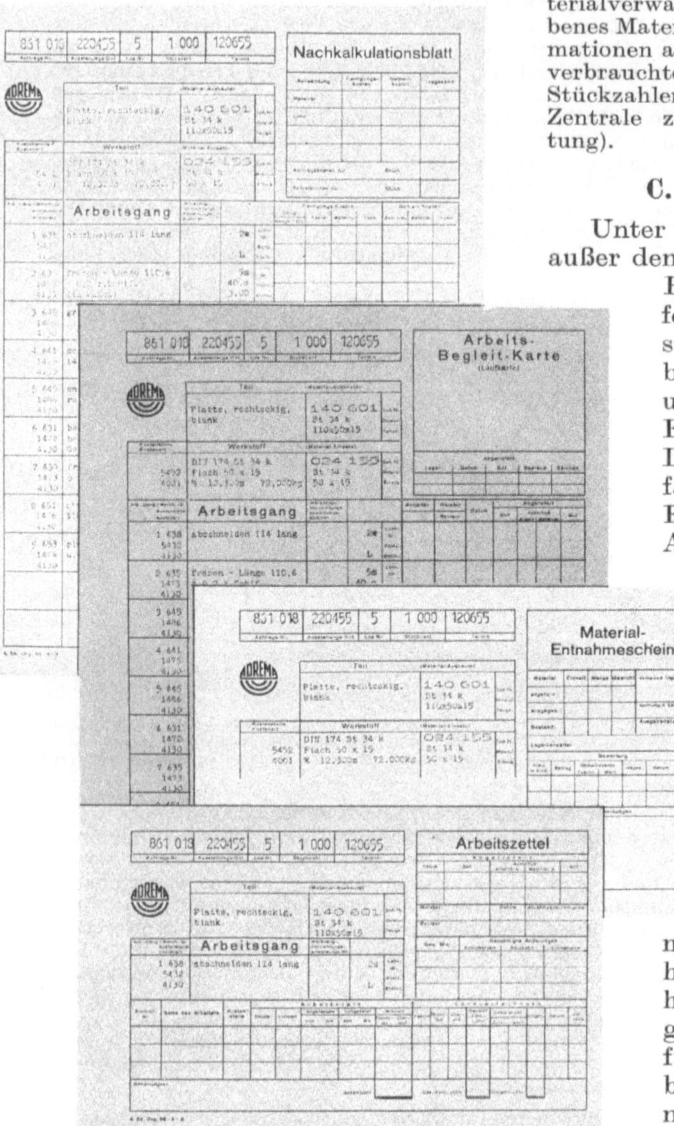

Abb. 34. Formularsatz auf ADREMA-Druckmaschine hergestellt (Original, Werkstattauftrag und Terminkarte sind weggelassen), wobei gleichzeitig auf die Anordnung für sich ändernde Auftragsdaten (oben) und die Ausgestaltung der Materialentnahmescheine und Arbeitszettel zu achten ist

terialverwaltung Meldungen über ausgegebenes Material, von den Werkstätten Informationen aus speziellen Personalkarten und verbrauchte Zeiten bzw. kontrollierte, gute Stückzahlen oder sonstige Mengen an die Zentrale zurückgeben (Datenfernverarbeitung).

C. Materialdisposition[1]

Unter „Material" versteht man außer den eigentlichen Rohstoffen und Halbzeugen auch alle halbfertigen und fertigen Gegenstände, die von anderer Stelle bezogen werden, und alle Hilfs- und Betriebsstoffe, die für die Fertigung erforderlich sind. Die „Materialdisposition" umfaßt alle Maßnahmen für die Erstellung des Bedarfes je Auftrag, für die Bedarfsmeldung an den Einkauf, für die Beschaffung und Lagerung.

Im I. Teil (Heft 99), Abschn. I.B und II.B, wurde bereits die Bedarfsplanung nach Aufträgen und auf Grund des Lagerverbrauchs, ferner die Materialfestlegung für das Einzelteil und für zusammengesetzte Erzeugnisse behandelt. Es verbleiben daher hier hauptsächlich die zum Lagerwesen gehörenden Beschaffungs- und Verwaltungsaufgaben. Je größer in einem Erzeugnis der Materialwert im Verhältnis zum Lohnwert ist, um so wichtiger ist die Materialwirtschaft für das Unternehmen, deren Ziel etwa durch folgende Sätze zu kennzeichnen ist:

1. Rechtzeitige Bedarfsermittlung durch fortlaufende Beobachtung von Zu- und Abgängen in den Lagern unter Berücksichtigung der Kundenaufträge oder des geplanten Fertigungsprogrammes.

---

[1] Vorschläge, das Wort „Material" durch eine deutsche Bezeichnung zu ersetzen, sind bisher ohne Erfolg geblieben, weil keines der in Frage kommenden Worte, wie z. B. „Stoff" oder „Werkstoff" oder „Sachen" den Sammelbegriff „Material" wiedergeben kann. Für „Disposition" gilt ähnliches.

2. Richtige Einkaufsdisposition durch günstigste Lieferantenwahl (Preise, Qualitäten), Beobachtung der Bereitstelltermine und des Einkaufsbudgets.

3. Wertmäßiger Ausweis des Lagerabganges zur Durchführung des Verrechnungsverkehrs zwischen Rohstoffkonten der Kontenklasse 3 (Finanzbuchhaltung) und den Kostenartenkonten der Betriebsabrechnung.

4. Bestandsüberwachung als Unterlage für den bilanzmäßigen Nachweis des hier gebundenen Umlaufvermögens und zur Vermeidung überhöhter Bestände.

5. Zweckmäßige Lagerung und Sicherung des Grundsatzes: „Keine Bewegung ohne Beleg."

24. Bedarf [*39*]. Damit der Einkauf das benötigte Material in Güte, Abmessungen und Menge wie vorgesehen termingemäß zum günstigsten Preise beschaffen kann, muß ihm der Bedarf rechtzeitig gemeldet werden. Diese Meldung geht über die Materialhauptkartei, damit diese als zentrale, verantwortliche Stelle sofort unterrichtet ist und entsprechend einplanen kann.

a) Bedarfsmeldungen in Listenform werden hauptsächlich in der Einzel- und Kleinreihenfertigung angewendet; sie sind alle aus der Konstruktionsstückliste heraus entwickelt und nach den Bedürfnissen des Einkaufs ausgestaltet. Die einfachste Form zeigt Abb. 35.

Lfd. Nr.	gelag.	angefragt	bestellt	geliefert	erled.	Bemerkg.

Bestell-Liste zu	Geschr.	Auftr. Nr.	Bl.
	Gepr.		Ers. f.
	Tag		Stückl. Nr.

Abb. 35. Ergänzungsformular, um aus einer Stückliste bzw. Auszügen (Anklebeverfahren) eine Bestelliste für den Einkauf zu machen

Nun gibt es natürlich Teile, die in verschiedenen Konstruktionsgruppen derselben Maschine mehrfach vorkommen. Zur Zusammenfassung des Gesamtbedarfs an solchen Teilen dienen Auszüge in Form von Guß-, Halbzeug- und Normteillisten (vgl. Heft 99, Tab. 13, S. 32) oder Materialbeschaffungspläne für fertigungsrhythmisch wiederkehrenden Bedarf (Heft 99, Tab. 4, S. 12 bzw. Abb. 33, S. 41).

Einkaufskarten werden für jedes Teil ausgeschrieben, wie oft es auch in den einzelnen Erzeugnissen vorkommen mag. Sie enthalten alle zum Ausstellen der Bestellung erforderlichen Material- und Mengenangaben sowie Bestell-, Mahn-, Liefer- und Preisspalten für die Einkaufsüberwachung. Sie ermöglichen vor allem, selbst aus einem verwickelten Erzeugungsprogramm den Gesamtbedarf eines Materials oder Teiles durch Sortieren und Zusammenfassen der Karten zu ermitteln. Eine Abart stellt die *Pendelkarte* Abb. 36 dar, die nach Eintragung der Bedarfsmenge zur Einkaufsabteilung läuft, dort das Ausschreiben der Bestellung auslöst und nach Eintragen der Bestell-Nr., Menge und Datum wieder zum Materialdisponenten gelangt und so überflüssigen Papierumlauf vermeidet. Sie kann selbstverständlich auch zur Bedarfsmeldung von Hilfsstoffen und Werkzeugen verwendet werden und ermöglicht auch der die Anforderung genehmigenden Stelle einen Überblick über Monats- und Vierteljahresbedarf, Preis usw. Formularmäßig kann die Pendelkarte so ausgestaltet werden, daß das Eintragen der Bedarfsmengen im Durchschreibeverfahren auch gleich auf die Materialdispositionskarte übertragen wird: Unterlage von Blaupapier oder Pendelkarte aus Spezial-Papier (National-Registrierkassen, Augsburg), so daß sie ohne Farbauftrag durchschreibt!

b) Terminfestlegungen. Mit der mengenmäßigen Bedarfsmeldung an den Einkauf allein kann dieser noch nichts beginnen. Er muß auch wissen, zu welchem Termin Roh- und Hilfsstoffe, Norm- und Zulieferteile tatsächlich benötigt werden. Bei der Bedarfsermittlung auf Grund des Lagerverbrauchs sind alle Daten durch die Festlegung des Mindestbestandes. der Mindestbestellmenge (s. Heft 99, Abb. 6, S. 13) und der jeweils gültigen Lieferzeit gegeben. Bei der Bedarfsplanung nach Aufträgen kann der Erzeugungsdurchführungsplan (Heft 99, Tab. 3 S. 9) Anhaltspunkte liefern. Für den Einzelauftrag muß der konstruktionsgebundene Bedarf auf Grund der Stücklisten und mit Hilfe der vorgeschriebenen Kundentermine (Vorlauftermin) abgeleitet werden. Um wenigstens in etwa die Bereitstellung von Rohmaterial und Zulieferteilen entsprechend dem stufenweisen Entstehen des Endproduktes durchzuführen (Lager- und Zinskostenersparnis), müssen entsprechende Vorlaufzeiten gegenüber dem Bedarfszeitpunkt des fertigen Produktes berücksichtigt werden. Dies ist allerdings in der Einzel- und Kleinserienfertigung aus wirtschaftlichen Gründen nur für teuere Rohstoffe und Zulieferteile interessant, so daß nur diese entsprechend dem Fristenplan Abb. 57 und der

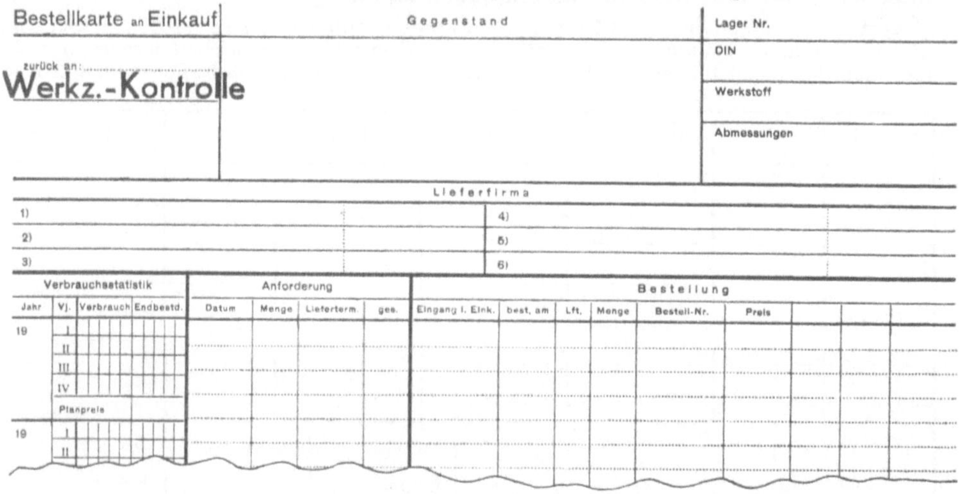

Abb. 36. Bestell-(Pendel)-Karte zum Verkehr zwischen Materialhauptkartei und Einkauf, ohne daß jedesmal eine neue Bedarfsmeldung geschrieben werden muß

Programmplanung Abb. 52 zu beschaffen sind. In der Großserienfertigung wird dann entweder nach Dispositionsstufen- bzw. dem Bearbeitungsstammbaum Abb. 58 der jeweilige Vorlauf bestimmt.

c) Bedarfsmeldung mit Lochkarten. Bei der Lochkartenorganisation [40] befindet sich die als Lochkarten aufgelöste Stückliste zur Ermittlung des Teilebedarfs für Fremdbezug. die Arbeitsplankartei als Unterlage für das erforderliche Rohmaterial und die Teilestammkartei sowie Lagerkartei in der Zentrale. Die Maschine führt an Hand der Lagerbestände und eingetragenen Mindestmengen die Bestelldisposition durch, wobei Unterdeckungen als notwendige Nachbestellungen über die Druckeinheit ausgeworfen und in Bögen auftabelliert werden. Benötigt wird aber auch dazu noch der Aufbau der Erzeugnisse nach Untergruppen und Baugruppen und darüber hinaus nach sogenannten Dispositionsstufen. Die Dispositionsstufe gibt die unterste Fertigungsstufe (nach Vorlaufswerktagen) an. in der das Teil bzw. der Werkstoff für irgendeines der Enderzeugnisse benötigt wird. Bezüglich weiterer Einzelheiten muß des begrenzten Raumes wegen auf die einschlägige Literatur und Firmenschriften verwiesen werden. Zu bemerken ist, daß man möglichst nur solche Teile über die maschinelle Erfassung laufen läßt, bei denen der Eigenwert in einem entsprechendem Verhältnis zum Aufwand der maschinellen Verrechnung steht. Die anderen Teile und Stoffe werden zweckmäßig nur monatlich oder vierteljährlich wie unter a) bestandskontrolliert und disponiert.

25. Beschaffung. Nach Empfang der Bedarfsmeldung setzt die Tätigkeit des Einkaufs mit der Wahl des Lieferanten. der Abschlußtätigkeit. der Terminüberwachung. Liefer- und Preiskontrolle ein, Fragen und Probleme, die bereits in Heft 99. Abschn. 6, angedeutet wurden und außerhalb des eigentlichen Aufgabengebietes der Arbeitsvorbereitung liegen.

26. Das Lagerwesen [41] umfaßt die Lagerverwaltung und die Lagerbuchhaltung. Zu erfassen sind alle Güter, einschließlich Handelsware, die noch nicht, vorübergehend nicht oder nicht mehr am Produktionsprozeß teilnehmen.

a) Zur **Lagerverwaltung** gehören einmal der Gütereinlauf, dieWarenprüfung, die Einlagerung, die Ausgabe, die Warenverteilung und die Annahme der von den Werkstätten zurückgelieferten Gegenstände, Materialien und Abfälle.

Der *Wareneingang* hat einen Bestelldurchschlag zum Eintragen der einzelnen Wareneingänge zur Verfügung. Darin sind die Bestellmengen *nicht* eingetragen, so daß der Wareneingang gezwungen ist, die Übereinstimmung der eingegangenen Mengen mit den Lieferpapieren festzustellen. Für Teilsendungen benutzt die Warenannahme zur Benachrichtigung des Einkaufes und der Lagerkartei einen besonderen Vordruck „Eingangsmeldung", auf welchem Nr. und Tag des Einganges, die Art der Warenlieferung und die Versandart, berechnete Frachten oder Speditionskosten samt Versandunterlagen des Lieferers und nach erfolgter Mengenkontrolle auch die gelieferte Menge ersichtlich ist. Das Formular läuft vom Wareneingang zur Lagerbuchhaltung; Einkauf und Rechnungskontrolle werden nach den besonderen Betriebserfordernissen verständigt. In Großbetrieben wird mit mehreren Durchschlägen gearbeitet. Ähnlich verhält es sich dann, wenn man zur Eingangsbenachrichtigung Durchschläge der Bestellung verwendet, wobei vielfach auch noch eine Zweitschrift nach Eintragung der Beförderungsart, Verpackung, Menge, Tag des Einganges zur Wareneingangsprüfung und dann von hier zum Einkauf und zwecks Rechnungskontrolle zur Materialbuchhaltung läuft.

Wichtig ist noch, daß der Wareneingang und möglichst dicht dabei die Wareneingangsprüfstelle zentral im Betriebe angeordnet sind, rangiergünstig angelegte Anfahrtsgeleise und Abstellmöglichkeiten für Schienenfahrzeuge und Kraftwagen sowie vielseitig einsetzbare Hebezeuge und Fördereinrichtungen, ferner Waagen zur Verfügung stehen. Oberster Grundsatz muß ein lückenloses Erfassen aller im Unternehmen eingehenden Waren auf Eingangsbelegen und schnellstmögliche Weiterleitung der ausgepackten Waren an die Eingangsprüfung und das Lager sein. Beanstandungen und Mängelrügen gehören ebenfalls in das Aufgabengebiet.

Warenlagerung: Erst nach Freigabe der Ware durch die Warenprüfung kann sie „auf Lager" genommen werden, wobei belegmäßige Übernahme vorgeschrieben sein muß.

Jedes Lager hat eine Übersichtskartei, aus der ersichtlich ist, in welchem Gang, Regal und Fach die Teile gelagert sind. Wenn auch im Rahmen eines Materialflusses die Lagerung nur als Unterbrechung — Stockung wirkt, ist sie auch im Idealfall unvermeidbar. *Materiallager* sichern den Produktionsablauf gegen Beschaffungs-Nachschubschwankungen und ermöglichen die Inanspruchnahme preislicher Vorteile (Mengenrabatte, Frachtverbilligung usw.). *Teilelager* gleichen den Kapazitätsunterschied einzelner Fertigungsstätten oder Maschinen aus, dienen als Sicherung gegen Stockungen des Betriebsablaufes durch Produktionsmittel oder Arbeitskraftausfall und ermöglichen die Vorfertigung wirtschaftlicher Losgrößen. Sie können aber auch fertigungstechnisch (Trocknung, Abkühlung, Alterung usw.) bedingt sein. *Zwischenlager* (Abstellplätze) entstehen zwecks Ausgleichs verschiedener Bearbeitungszeit an einzelnen Arbeitsplätzen, ermöglichen eine gute Kontrolle des Arbeitsfortschrittes und heben überflüssige Bestände im Hauptlager auf. *Fertigfabrikate-Versandlager* dienen der raschen Marktbelieferung und dem Ausgleich von Absatz und Fertigung sowie zur Zusammenstellung eines Auftrages der aus verschiedenen Fabrikaten besteht.

Anlage und Einrichtung des Lagers richtet sich nach der Art der Fertigung und der Betriebsgröße sowie dem Gewicht, der Transportfähigkeit, Empfindlichkeit gegen Beschädigung und Witterungseinflüsse und dem Wert der zu lagernden Gegenstände. Bei feuer- und gesundheitsgefährlichen Waren sind noch die gewerbepolizeilichen Sicherungsbestimmungen zu beachten. Man unterscheidet dabei noch zwischen *Hauptlager*, in welchem gleichartige Stoffe für mehrere Produktionsabteilungen bereitgestellt werden, und dezentralen *Hilfslagern* zur Aufnahme zeitweiliger Überschußmengen, zur Vermeidung großer Transportwege.

Zwecks Kürzung des Transportweges sind schwere Waren und solche mit großem Umschlag in der Nähe des Einganges zu lagern. Für die Warenlagerung in Gestellen ist auf scharfe Abgrenzung der abweichenden Wareneinheiten, insbesondere geringer Maß- oder Güteabweichungen — Farbkennzeichnung usw. — zu achten. Massengüter, wie Schrauben, Muttern, Splinte, Nieten, sind paketiert oder gebündelt zu beziehen und auch zu lagern. Die Regale sind so anzuordnen, daß man möglichst keine Treppen und Leitern braucht, und daß einheitliche Innenmaße angewandt werden, damit man sie gleichmäßig und auch nachträglich unterteilen kann. Man muß die Gänge zwischen den Regalen mit kleinen Hubwagen befahren können (Abb. 37). Stapelkrane, die wie ein Laufkran zwischen den Regalen fahren, sind die letzte Entwicklung (vgl. Heft 99, Abb. 83, S. 68). Gute Licht- und Übersichtsverhältnisse sind wichtig.

b) Die Lagerbuchhaltung hat in erster Linie den Nachweis über die Mengenbewegung aller am Lager befindlichen Waren zu erbringen und zum zweiten durch Fortschreiben der Bestandswerte des Lagers die Unterlagen für die Vermögensbilanz zu liefern. Zur Aufzeichnung der Lagerbewegung wird für jede Materialart eine *Materialkarte* geführt (*Lagerkarteikarte*), die sehr verschieden gestaltet sein kann und in die auf Grund der Inventur die *Bestände* und auf Grund der Eingangsmeldungen die *Zugänge* übernommen werden. Sie soll möglichst auch als Dispositionskartei mit Anforderungs- und Vordispositionsspalte ausgestattet sein.

Abb. 37. Übersichtliches und helles Lager

In wieweit außer dieser in der Materialverwaltung geführten Karteikarte noch eine besondere Lagerfachkarte im Lager notwendig ist, hängt von den betrieblichen Verhältnissen ab. Sie wird zwar meistens geführt, aber der Verfasser hat mehrmals die Erfahrung gemacht, daß sie genau so gut wegfallen kann, daß Verwaltungsarbeit gespart wird, und daß Schwund, Fehlstücke usw. dann eben nur einmal abzubuchen sind, während es sonst an mehreren Stellen geschieht, ohne etwas ändern zu können. Wird mit Hilfe von Lochkarten der jeweilige Bestand ermittelt und auf Grund der Abgänge der Bedarf maschinell errechnet, erübrigt sich die Lagerfachkarte grundsätzlich.

Die *Materialabgänge* kann man durch Bestands- und Rückrechnung oder durch Fortschreibung erfassen.

Im *ersten* Fall wird der Abgang aus Anfangsbestand, Zugang und Endbestand bestimmt. Im *zweiten* Fall wird die einmal festgestellte Materialmenge je Fertigerzeugnis mit der im Abrechnungszeitraum fertiggestellten Anzahl der Erzeugnisse malgenommen und durch die Jahresinventur kontrolliert.

Bei der *Fortschreibung* ist für jede Bewegung ein Entnahmeschein notwendig und jeder Zu- und Abgang wird in der Materialbuchhaltung verzeichnet, so daß in jedem Augenblick der buchmäßige Bestand feststeht. Zugänge sind dabei nicht nur auf Grund von Wareneingangsmeldungen, sondern auch mittels Rücklieferscheinen aus dem Betrieb zu buchen. Selbstverständlich ist eine gelegentliche Abstimmung mit den im Lager tatsächlich vorhandenen Beständen notwendig, die meist zum Jahresabschluß anläßlich der Inventur erfolgt, weil substanzbedingt durch Schwund, Verdampfen, Ungezieferfraß, Bruch, Abrieb und personal- oder organisationsbedingt (Ausgabefehler, Meß-, Schreib-, Rechenfehler, Diebstahl usw.) Abweichungen zwischen Buch- und Lageristbeständen unvermeidlich sind. Werden aber die Sollbestände der Materialkartei fortlaufend mit den Istbeständen verglichen, — permanente Inventur —, so daß jede Materialart nach einem entsprechenden Revisionsplan einmal im Jahr an die Reihe kommt, so kann von einer sogenannten körperlichen Aufnahme zum Bilanztage, Stichtagsinventur, Abstand genommen werden. Es kann dann das im § 39 des HGB vorgeschriebene Bestandsverzeichnis mengenmäßig und wertmäßig auf Grund der Lagerkartei aufgestellt werden, wobei Voraussetzung der Anerkennung ist, daß

1. die körperliche Aufnahme durch Personen erfolgt, die weder in der Lagerverwaltung noch -buchführung tätig sind.

2. der Aufnahmereihenfolge ein Plan zugrunde liegt, der der Lagerverwaltung vorher nicht bekannt ist.

Die Abstimmungsbelege Abb. 38 sind gesammelt als Inventurbelege abzuheften, in der Karteikarte ist die Nr. der Aufnahme als Nachweis der Prüfung festzuhalten. Die Richtigstellungen, nach Materialgruppen geordnet, geben dann einen wichtigen Rückschluß auf die lagermäßige Behandlung.

Abstimmung der Materialbestände im Lager										Nr.d. Aufnahme
Materialart	Lager Nr.	Bestand im Fach	ungebuchter Zugang	Abgang	Bestand Ist	Soll lt.Kartei	Unterschied Menge +	−	Wert +	−
1	2	3	4	5	6	7	8	9	10	11

Abteilung	Aufnahme	Bestand-Nachr.	Bewertung	Kartei Berichtg.	Buchm. Berichtg.
Name					
Tag					

Abb. 38. Vordruck zur Abstimmung der Lagerbestände mit der Lagerkartei

Zur *Erleichterung* der laufenden Inventur lassen sich manche Vorkehrungen treffen, wie z. B. die Einrichtung der Lagerfächer nach dem dekadischen System, getrennte Aufbewahrung der alten und neuen Lagerpartien, verbunden mit der Bestimmung, daß neu eingetroffene Partien erst nach Verbrauch der alten in Angriff genommen werden dürfen, Anbringung von Meßgeräten mit Skalen für Flüssigkeiten in Bottichen, an denen schnell der Bestand abgelesen werden kann, desgleichen in Lagern mit Schüttgütern bekannter Grundfläche. Gewisse Vorräte in Handlagern wie Holz, Kohle, Koks usw. werden nur durch Schätzung durch den Lagerverwalter und einen neutralen Sachbearbeiter erfaßt.

Inwieweit für die Materialentnahme vordruckmäßig eine Zusammenfassung der einzelnen Formulare zweckmäßig ist, hängt von den jeweiligen Betriebsverhältnissen ab. Bei Montagearbeiten z. B. wird man vielfach auf den Materialentnahmeschein (Abb. 39) verzichten und auf Grund der Stückliste entnehmen, wobei aber die Bewertung der Teile in

Werkstoff-Entnahmeschein		Erzg.Gruppe	Kostenart	Zu belast. Kostenstelle	Gew. je Tfl.m ______ kg Ver- lust ____ mm	Wirtsch. Best.Mg.	Auftrags-Stck. Best. Stck.		Auftrags Nr.	
Teilbenennung		Werkstoff DIN-Bez.			Teillänge _____ " Abstechbr. _____ "	Strf. ____ x ____ mm je ____ Teile Tfl. ____ x ____ mm je ____ Strf.			Einr.Zuschl. Stck.	Arb.-Termin Beginn
Zeichnungs-Nr.		Festigk. Gatherung			Bea.Zug. _____ " Teilung ___ fach "	______m ______ Strf. für ____ Teile ______ kg	Fertg. Gew.		Laufd.Aussch %	Ende
Vorgang	Auftrags Mengenrechng.	Freigabe Kontingent	Kartei	Ausgegeben	Mat.erhalten	Bewertung Einstandspr.	Gesamtpreis	Betriebsbuch-haltg.ausgew.	
kg,m,Tfl						M	M		
Tag									
Name									

Abb. 39. Materialentnahmeschein, der im Kopf die erforderlichen Materialmengen für das Einzelteil, unten für den Auftrag und die Bewertungsmöglichkeiten aufweist

geeigneten Spalten für die Nachkalkulation und Betriebsabrechnung möglich sein muß (Abb. 40). Hierdurch wird der „Papierkrieg" stark vermindert. Sofern Schwierigkeiten wegen Fehlens einzelner Positionen im Lager auftreten sollten, kann man sich dadurch helfen, daß man für diese Teile, Werkstoffe usw. Fehlzettel ausschreibt, deren Original im Lager zur Erinnerung an die durchzuführende Nachlieferung bleibt, während ein Durchschlag zur Materialdisposition (evtl. Einkauf) zur weiteren Veranlassung geht.

Zur Erleichterung der späteren Sortierung in der Lagerbuchführung empfiehlt es sich, die Entnahmescheine nach Farben in Scheine für produktives *Fertigungsmaterial* und in solche für *Gemeinkostenmaterialien* zu trennen. Kontierungsvermerke, Kostenträger (Auftragsnummer bzw. Erzeugnisgruppe bei produktivem Material, zu belastende Kostenstelle bei unproduktivem Material), Kostenart usw. müssen vorgesehen sein. Wird mit Vormerkung gearbeitet, so ist die Sicherheit gegeben, daß das Material bei Auftragsausgabe auch tatsächlich verfügbar ist. Die Materialentnahmescheine gehen dann zuerst zur Karteistelle zur

Freigabe (Abb. 41). Ähnlich ist der Vorgang für Gemeinkostenmaterialien, wobei oft Sammelentnahmescheine der verschiedensten Art entwickelt wurden. Hilfs- und Betriebsstoffe, deren Wert im Verhältnis zur Verwaltungsarbeit unwesentlich ist, werden gleich bei Eingang auf Grund der Rechnung abgebucht, ins Lager oder zu Händen der verbrauchenden Stelle gegeben und zweckmäßig auf Meisterbücher ausgegeben, und zwar für einen größeren Zeitraum auf einmal. Die verbrauchende Abteilung wird nur zu statistischen Zwecken angeführt,

Lfd. Nr.	m, kg, Tfl.	Freigabe		Ausgegeben	Bewertung		Betr. Buchh. ausgewertet
		Konting.	Kartei		Einstpr.	Gespr.	

Werkstoff-Entnahme	Geschr.	Auftr. Nr.	Blatt
	Gepr.		Ers. f.
zu	Tag		Stückl. Nr.

Abb. 40. Anhängeformular (Anklebeverfahren), das aus einer Stückliste einen Sammelentnahmeschein macht

um den Verbrauch in der Betriebsabrechnung richtig auf die einzelnen Kostenstellen verteilen zu können. Nicht zu vergessen ist die Angabe der Kostenart der Kontenklasse 4, soweit eine besondere Unterteilung nach Gemeinkostenmaterialien zu Überwachungszwecken noch geführt und als notwendig erachtet wird (s. Tab. 12, S. 69).

Als Lochkarten ausgebildete Materialscheine ermöglichen eine schnelle und nach verschiedenartigsten Gesichtspunkten durchgeführte Sortierung und Auftabellierung.

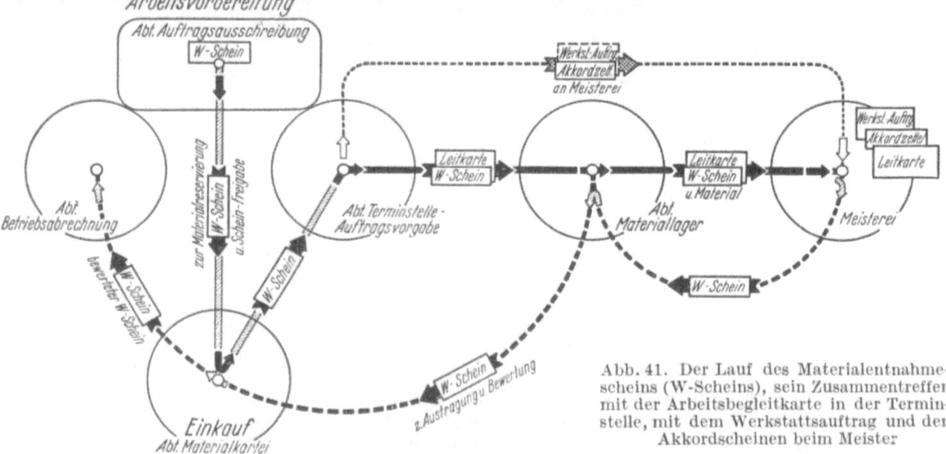

Abb. 41. Der Lauf des Materialentnahmescheins (W-Scheins), sein Zusammentreffen mit der Arbeitsbegleitkarte in der Terminstelle, mit dem Werkstattsauftrag und den Akkordscheinen beim Meister

Während sich die bisherigen Erwägungen auf die mengenmäßige Beschaffung und Bestandsüberwachung bezogen, ist von der Verwaltungsseite her noch der *wertmäßige Ausweis* des Lagerabganges notwendig. Für die Materialbewertung gilt grundsätzlich, daß alle Ausgänge zu denselben Preisen bewertet werden sollen, wie die Eingänge, damit reine Bestandswerte entstehen. Der *Einstandswert* für die Materialeingänge ist dabei gleich dem Einkaufspreis, zuzüglich der unmittelbaren Bezugskosten (Rollgeld, Fracht) abzüglich der Preisnachlässe.

Die Bewertung zu *Lieferpreisen* ist unbequem, da jeweils von den ältesten Lieferungen zu schöpfen ist und bei mehreren Lieferungen mehrere Preise in Vormerk gehalten werden müssen. Bei der Bewertung zu *Durchschnitts-Mischpreisen* wird für jeden Zugang ein Mischpreis aus altem Bestand und neuem Zugang ermittelt, was besonders bei Rücklieferungen aus dem Betrieb umständliche Rechenarbeit bringt. Bei *Festpreisen* wird ein Verrechnungspreis in Anlehnung an die wirklichen Einkaufspreise gewöhnlich für ein Jahr festgesetzt und nur in Ausnahmefällen geändert. Dieses Verfahren wird aus wirtschaftlichen Gründen überwiegend angewendet.

Nachdem im ersten Arbeitsgang auf Grund der Materialentnahmescheine der Lagerbestand in der Karteikarte abgebucht und im Entnahmeschein der zugehörige Verrechnungspreis je Einheit eingetragen wurde, wird in einem zweiten Arbeitsgang der Verbrauchswert errechnet und die Richtigkeit überprüft. Rote Material-Rückgabescheine für zuviel gefaßtes Material oder für stornierte Aufträge haben denselben Lauf, nur werden Rückbuchungen vorgenommen. Wochen- oder monatsweise werden alle Entnahmescheine nach Lagerkonten mittels Addiermaschine gespeichert und aufsummiert und die Werte in Kontenklasse 3 der Finanzbuchhaltung übernommen (s. S. 69).

Nach dieser Arbeit werden alle Fertigungsmaterial-Entnahmescheine nach Materialstellen (s. Abb. 66, S. 74), die für Gemeinkostenmaterial auf zu belastende Kostenstellen umsortiert, für jede Kostenstelle wiederum aufsummiert und in den Betriebsabrechnungsbogen übernommen. Die Fertigungsmaterial-Entnahmescheine, die auch für fremdbezogene oder auf Vorrat gefertigte Einbau- und Ausrüstungsgegenstände gelten, werden zum Schluß nach Kostenträger-Auftragsnummern — bei der Zuschlagskalkulation — umsortiert und je Auftrag für die Nachkalkulation ausgewertet.

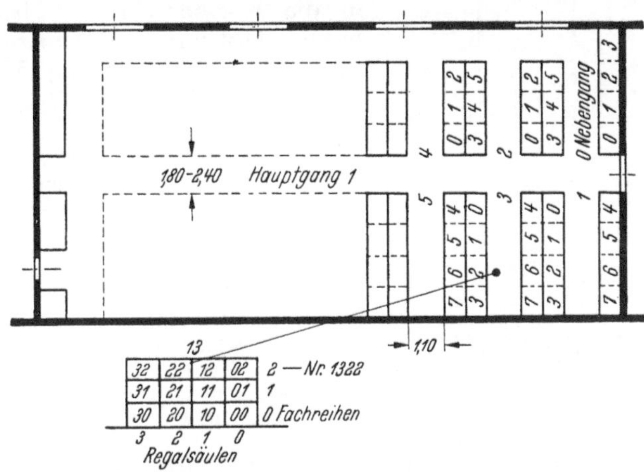

Abb. 42. Werkzeuglager mit Regal- und Fachnumerierung. Fachnummer 1322 bezeichnet das Fach im Hauptgang, dritter Nebengang rechts, zweite Regalsäule rechts, zweite Fachreihe hoch

c) Werkzeug- und Betriebsmittelüberwachung [42]. Da Werkzeuge und Vorrichtungen ihrer arbeitsparenden Wirkung wegen in einem gut geleiteten Betriebe sehr umfangreich sind und hohen Wert haben, ist eine wohldurchdachte Organisation hier besonders erforderlich. Voraussetzung ist ein richtig geordnetes Werkzeuglager, in welchem die Wege und Fächer sowie Fachabteilungen genau bezeichnet sind (Abb. 42) und zur Durchführung der Einordnung auch jedes Werkzeug durch Stempelung, Einätzung oder Gravierung gekennzeichnet ist. Bei der allgemeinen Raumteilung für das Werkzeuglager sind bei den aufzubewahrenden Werkzeugen neben dem Raumbedarf — Länge, Breite, Höhe — auch die Aufbewahrungsklassen — schwach, normal, stark gebraucht — besonders zu berücksichtigen. Dazu kommt der erforderliche Schutz gegen Rost, Staub, Stoß usw. Für Gänge und Ausgebeplatz kommen 60···70% hinzu, Erweiterungsmöglichkeit ist vorzusehen.

Allgemein sollen Decken und Wände hell gestrichen, Regale und Fächer auch innen licht sein, um sie auch in der Tiefe zu erhellen. Bei großen Regalen ist gangweise Beleuchtung vorzusehen. Für die Kennzeichnung der Werkzeuge gibt das AWF-Blatt 5000 für Stanzereiwerkzeuge Merk- und Kurzzeichen. In Großbetrieben ist die Kennzeichnung mittels zehnstelliger Zahlen, in Mittelbetrieben die gemischte Kennzeichnung mittels Buchstaben und Zahlen am zweckmäßigsten. So kann z. B. B-Bohrer, D-Drehstähle, F-Fräser usw. heißen, während angehängte kleine Buchstaben die Untergruppen der Hauptgruppen, hinzugefügte Zahlen die Hauptabmessungen kennzeichnen. Bsz 8 heißt dann B = Bohrer, s = spiral,

z = zylindrischer Schaft und 8 = 8 mm Durchmesser. Sonder- und Großwerkzeuge werden meist nach den Zeichnungsnummern der Teile, zu deren Bearbeitung sie gehören, gelagert.

Die Überwachung der Werkzeuge nach der *Verwaltungsseite* hin erfordert eine Erfassung von Bestand und Verbrauch, wobei noch eine Unterteilung in handelsübliche Verbrauchswerkzeuge und Dauer- bzw. Sonderwerkzeuge notwendig ist. Handelsübliche Werkzeuge werden am besten in Sichtkarteien mit Spalten über Bestellung, Eingang, Ausgang nach Kostenstellen, Bestand und Preis in der Werkzeugüberwachungsstelle geführt. Jedoch nur die auf Vorrat gefertigten oder gekauften Werkzeuge werden vom Lager selbst verwaltet. Solche mit einem Wert von z. B. über DM 600,— werden in der Anlagenbuchführung geführt und über Abschreibung in die Kostenrechnung übernommen. Direkt zum Verbrauch bestimmte oder in Benutzung befindliche Vorrichtungen, Fertigungs- und Meßwerkzeuge werden in der Werkzeugausgabe mittels Arbeiterüberwachungsnummern oder Quittung verwaltet.

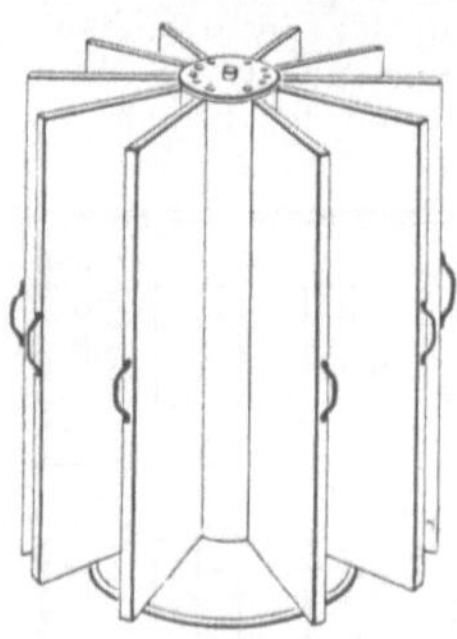

Abb. 43
Drehständer für Werkzeugüberwachung am Ausgabeschalter mit Arbeitsüberwachungsnummern, über die Werkzeuglagerfachmarken gehängt werden

Bei der *einfachsten* Form der *Werkzeugausgabe* erhält der Arbeiter eine Anzahl nicht ohne weiteres nachahmbarer Werkzeugmarken mit seiner eingeprägten Nummer, die in seine Platzwerkzeugkarte eingetragen sind. Für jedes von Fall zu Fall benötigte Werkzeug gibt dann der Arbeiter am Ausgabeschalter eine Werkzeugmarke ab, die vom Lagerverwalter bei Entnahme des Werkzeuges an das betreffende Lagerfach gehängt wird. Nach Abgabe des gebrauchten Werkzeuges entnimmt der Verwalter beim Einlagern die Marke des Arbeiters dem Fach und händigt sie ihm wieder aus. Fehlt allerdings beim Ausscheiden des Arbeiters eine Marke, so ist ein meist mühsames Suchen nötig, um festzustellen, welches Werkzeug es betrifft. Dieser Übelstand wird auch nicht beseitigt, wenn man dem Arbeiter je Werkzeug zwei Marken abnimmt und die zweite an ein besonderes Brett, nach Arbeiternummern geordnet, hängt. Es läßt sich dann zwar feststellen, wieviel Werkzeuge einer hat, jedoch nicht, um welche Werkzeuge es sich handelt. Ein *anderes Verfahren* benutzt Werkzeugmarken, auf deren

Werkzeug-verbrauch/bruch-Meldung

Name des Arbeiters		Kontroll Nr.	Kostenstelle

Stück	Art des Werkzeuges	Grösse	Ursache der Anforderung	Maschine: Arb.Platz

Meisterei	Werkzeug–Ausgabe		Werkzeug–Verwaltung	
ausgestellt	ausgetragen	nachbestellt	beliefert	verbucht

Alle zerbrochenen und beschädigten Werkzeuge sind abzugeben!

Abb. 44. Werkzeug-Verbrauch-Bruch-Meldung, die im Hauptlager die Wiederausfüllung des Handlagers veranlaßt. Der eigentliche Lauf des Scheines geht aus dem Leitweg hervor

Ordnungs Nr.	Lager Nr.	
	Regal	Fach

Bezeichnung

Fester Bestand		
Stück	Festgelegt am:	durch

Abb. 45. Werkzeugkartei im Handlager mit Tasche zur Aufnahme der Bruch- und Verbrauchsmeldungen zur gemeinsamen Nachbestellung im Hauptlager

Rückseite sich eine Schreibfläche befindet, in die das Kennzeichen des ausgegebenen Werkzeuges eingetragen wird. Diese Marke wird dann auf das mit Arbeiterkontrollnummern versehene Brett in der Ausgabe gehängt.

Bei der *günstigsten* Überwachungsform befindet sich am Werkzeugplatz eine besondere Lagerfachmarke mit dem Kennzeichen des Lagerplatzes und bei der Werkzeugausgabe ein Markenbrett mit dem Kennzeichen der Arbeiter. Die vom Arbeiter abgegebene Marke wird bei Entnahme eines Werkzeuges an das Lagerfach, die Lagerfachmarke bei der Ausgabe an die Stelle der Arbeiterkennzeichnung gehängt. Es läßt sich so jederzeit nachweisen, welcher Arbeiter ein Werkzeug in Gebrauch hat (Lagerfächer mit Arbeiter-Nr.) und aus welchem Fach ein Werkzeug vom Arbeiter entnommen wurde (Arbeitermarkenbrett am Schalter mit Fachmarken). Organisatorische Ausgestaltung ist durch zylindrische oder drehbare Anordnung (Abb. 43) des Markenbrettes beim Schalter (Platzersparnis, Übersichtlichkeit, leichte Handhabung) und durch wochenweise Anbringung von verschiedenen Farbzeichen an den Lagerfachmarken (Rückgabeterminüberwachung) möglich. Sogenannte Platzwerkzeuge, die sich ständig an einem Arbeitsplatz befinden, sind mittels Quittung auszugeben, von welcher eine der Arbeiter und eine der Werkzeugverwalter erhält.

Für jedes beim Arbeiter *verbrauchte* oder *gebrochene* Werkzeug ist mittels einer Verbrauchs- oder Bruchmeldung (Abb. 44) unter Angabe des Verbrauchers, seiner Kostenstelle, der Art und Stückzahl der Werkzeuge und der Ursache des Bruches oder Verbrauches ein neues anzufordern, damit in statistischer Auswertung die Werkzeugkosten richtig den einzelnen Kostenstellen zugerechnet werden können. Gehen Werkzeuge zum Nachschleifen, so ist, solange das Werkzeug in der Schleiferei ist, gleicherart mit Reparaturmarken zu verfahren wie oben für den Gebrauch. Während nun in Kleinbetrieben ein zentrales Werkzeuglager mit angeschlossener Werkzeugmacherei die zweckmäßigste Form ist, wird in größeren Betrieben ein Hauptlager zu schaffen sein, von welchem aus die Unterlager beliefert werden. Die in der

			Soll u. Istverbrauchskontrolle für Werkzeuge										Kostenstelle						
													Gesamt-kosten	Ist: Soll:					
Ordnungs-Nr. / Lager-Nr.	Bezeichnung		Januar					Februar					März						
			Lager Bestand	Verbrauch				Lager Bestand	Verbrauch				Lager Bestand	Verbrauch					
				Soll		Ist			Soll		Ist			Soll		Ist			
				Stück	Preis	Stück	Preis		Stück	Preis	Stück	Preis		Stück	Preis	Stück	Preis		
Verfahrene Std.	Soll																		
	Ist																		

Abb. 46. Soll- und Istverbrauchskontrollkarte für Werkzeuge, die in Stück oder Preis oder in beiden geführt werden können. Die geplanten und tatsächlich verfahrenen Fertigungsstunden in der jeweiligen Kostenstelle sind an erster Stelle eingetragen, darunter werden die verschiedenen Werkzeuge aufgeführt

Werkzeugausgabe gehaltenen Handbestände, die unter Verantwortung der betreffenden Abteilungsleiter gemäß Erfahrung und Beschäftigungsgrad festgelegt werden, sind auf Karteikarten festgehalten, die rückwärts gleich Taschen haben (Abb. 45), in welche die Werkzeugbruchmeldung solange gelegt wird, bis die Nachlieferung vom Zentrallager erfolgt. Eine Führung der Kartei selbst erfolgt nicht; nachbestellt wird im Hauptlager mittels gesammelter Bruch- und Verbrauchsmeldungen. Der Nachweis der Bestände ist aus dem tatsächlichen Bestand, den Werkzeugmarken am Fach und den evtl. Bruchmeldungen in der Tasche der Karteikarte möglich. Mit der Nachlieferung aus dem Hauptlager erfolgt dort gleichzeitig die Verbuchung des Verbrauches in der Hauptkartei und die Eintragung in die Werkzeugkostenliste, falls die Verbrauchs- und Bruchmeldungen nicht in einer eigenen Abteilung ausgewertet werden. Die Verbrauchskontrolle läßt sich dann bis zu Kostenstellen und Einrichtergruppen erweitern und kann als Grundlage für eine Prämienzahlung genommen werden (Abb. 46). Das Hauptlager bestellt die Werkzeuge beim Lieferanten über den Einkauf auf Grund der Lagerkartei mit Mindestbeständen, ähnlich der für Materialien, oder auf Grund der Angaben der Fertigungsplanung, wenn der Bedarf infolge Aufnahme neuer Fabrikationszweige sich erhöht.

Teuere *Sonderwerkzeuge* von großem Wert, die am besten mittels einer AWF-Werkzeug- bzw. Vorrichtungskartei geführt werden, können nicht bei Ingebrauchnahme sofort voll auf Unkosten ausgebucht, sondern sie müssen aktiviert, d. h. wie sonstige Anlagegegenstände nur mit einem Abschreibungssatz monatlich in die Kostenrechnung hereingenommen werden. Die Führung muß daher kostenstellenmäßig erfolgen. Solche Vorrichtungen werden vielfach im Bringdienst auf Veranlassung der Meisterei dem Arbeiter bei Arbeitsbeginn zugestellt. Nach der neuen Steuergesetzgebung der Bundesrepublik können Wirtschaftsgüter mit einem Wert von bis zu DM 600,— nur dann sofort abgeschrieben werden, wenn sie selbständig bewertungsfähig und selbständig nutzbar sind. Nicht selbständig nutzungsfähig sind z. B. Hausanschlüsse, Lichtbänder in Hallen, Motore zum Einzelantrieb von Maschinen und Werkzeuge, sofern sie zum betrieblichem Zwecke ihrer Verwendung mit der Werkzeugmaschine verbunden werden müssen, lt. Urteil des Bundesfinanzhofes vom 28. Febr. 1961 z. B. Bohrer, Fräser, Drehstähle, Aufnahmen, Stanzwerkzeuge. Nur wenn das

Werkzeug für einen bestimmten Auftrag angeschafft und dem Kunden in voller Höhe angerechnet wird, entfällt diese Bestimmung (Sondereinzelkosten des Auftrages).

D. Terminwesen [43]

Das Terminwesen hat zunächst dem Verkauf *Fristen* (z. B. 1 Woche, 3 Monate) oder *Termine* (am 15. des nächsten Monats) für *Angebote* zu geben, desgl. für eingegangene *Bestellungen*, wobei Fristen besonders in der Investitionsgüterindustrie erst ab kaufmännischer und technischer Klärung des Auftrages zählen. Auch sind Vorbehalte bezüglich rechtzeitig eingehenden Spezialmaterials üblich. Weiter sind einwandfreie *Unterlagen über den Arbeitsfortschritt* bereitzustellen, damit der Besteller richtige Auskünfte und, soweit erforderlich, rechtzeitig von Terminüberschreitungen Kenntnis erhält. Anderseits muß der Verkauf aber auch darüber unterrichtet werden, welche Art von Aufträgen für den Betrieb besonders erwünscht sind, und so kommt man zur betriebswirtschaftlichen Seite des Terminwesens. Dabei ist einmal zu unterscheiden, ob es sich um einen Käufer- oder Verkäufermarkt handelt oder ob die Produktionsstätten mit einer ganz bestimmten Leistungsfähigkeit für eine Planwirtschaft erstellt wurden. Ferner ist zu beachten, daß eine Über- oder Teilauslastung in der Regel mit großen Kostensteigerungen je Produktionseinheit verbunden ist.

Betriebswirtschaftlich soll erstens die *Durchlaufzeit der Werkstoffe*, Werkstücke oder Aufträge optimal sein, d. h. es sollen nur Veränderungszeiten, in denen Form- bzw. Substanz- oder Lageveränderungen als Förderzeiten (Bewegungszeiten) der möglichst als Transport-, Lager- und Fertigungseinheit festgelegten wirtschaftlichen Losgröße vorkommen. Lager- oder störungs- bzw. ablaufbedingte Liegezeiten sind dann für die jeweiligen betrieblichen Verhältnisse denkbar niedrig. Dieser ersten Forderung nach der kürzesten Durchlaufzeit der Aufträge steht als zweite die Aufgabe gegenüber, die Fertigungsaufträge zeitlich so zu verteilen, daß eine möglichst günstige *Auslastung der einzelnen Betriebsstätten* und *Betriebsmittel* erreicht wird. Also die vorgeplanten und vorhandenen Arbeitskräfte und Werksanlagen sollen ihrerseits auch keine störungsbedingten Wartezeiten, vermeidbare Untätigkeit bzw. störungsbedingte Brachzeit aufweisen. In dem Maße, wie es gelingt, unter beiden Gesichtspunkten die toten Zeiten zu einem Minimum zu machen, wird die Forderung nach günstigster Betriebsauslastung erfüllt.

Es ist nun klar, daß die beiden Ziele,

Verminderung der Materialdurchflußzeiten und

optimale Auslastung der Arbeitsplätze und Werkstätten,

sich mit dem Wunsche nach

termingerechter Kundenbelieferung

um so leichter vereinigen lassen, je gleichartiger die Erzeugnisse und je weniger Sorten zu liefern sind. Sie scheitern überhaupt, wenn neben den laufenden Erzeugnissen viele nicht fertigungsreife Gegenstände kurzfristig durch den Betrieb geschleust werden sollen, die unterschiedlich die verschiedensten Arbeitsplätze und Maschinen beanspruchen und immer wieder Umstellungen erfordern, oder wenn die in der Terminplanung eingesetzten Menschen ungeeignet sind.

Hier werden Organisationsmittel allein immer versagen und nur die jederzeit lebendige Idee und Initiative des Auftragverteilers kann wirtschaftlichen Bestand haben. Darüber hinaus muß gerade hier besonders zwischen Betrieben mit wechselnder Aufgabe und den Fertigungsbetrieben mit gleichbleibenden Arbeitsverrichtungen (Großserien- und Massenfertigung) unterschieden werden. Während sich der einmalige Aufwand sorgfältiger Arbeitsüberlegungen in der Reihen- und Massenfertigung immer bezahlt macht, liegen die Verhältnisse in der Einzelfertigung anders, jedoch muß auch hier und, je vielseitiger und verwickelter die Arbeitsaufgaben sind, um so dringender einteilend und überwachend eingegriffen werden. Dabei ist aber festzustellen, daß es in Betrieben mit Einzel- u. Kleinserienfertigung praktisch unmöglich ist, einen ununterbrochenen Güterfluß bei gleichzeitig vollständiger Auslastung der Maschinen und Arbeitsplätze zu erreichen. Man wird dann in der Planung möglichst auf die Maschinen - und Anlagenausnutzung hinsteuern und eine Verlängerung der Durchlaufzeit der Aufträge in Kauf nehmen. Zwischen- bzw. Abstellager für den Werkstoff und die Werkstücke müssen dann aber eingeplant werden, wobei zu beachten bleibt, daß hier verhältnismäßig hohe Kapitalwerte gebunden werden, da in ihnen außer Material- auch Arbeits- und Verwaltungskosten enthalten sind. Welche Formen dies annehmen kann, zeigt z. B. eine Untersuchung für eine Milchkannenfertigung, bei der die Durchlaufzeit für 9 Arbeitsgänge mit insgesamt 12 min Bearbeitungszeit — 2 Wochen — betrug. Der Verfasser stellte im mittelschweren Maschinenbau mit Einzel- und Kleinserienfertigung für Werkstücke mit 5 Arbeitsoperationen mit insgesamt 17 Stunden Bearbeitungszeit 83 Kalendertage, also je Arbeitsgang 17 Tage Durchlaufzeit fest. Auswirkungen planloser Auftragsvorgaben an den Betrieb mit der Hoffnung: irgendwie wird er es schon schaffen!

Finanziell wirkt sich ein *geordnetes Terminwesen günstig* aus, da jede vorzeitige Bereitstellung von Material, Betriebsmitteln, Löhnen und Gemeinkosten eine unnötige Kapitalbindung mit Zinsverlust bringt und oft zu fast unlösbaren Lager- und Transportproblemen führt (Abb. 47). Zu späte Bereitstellung aber muß mit teueren Überstunden ausgeglichen werden, die außer erhöhtem Ausschuß besonders bei einem vielverzweigtem Produktionsprogramm das ganze Terminwesen durcheinander bringen und erhöhten Nervenverschleiß insbesondere der Führungskräfte bedingen.

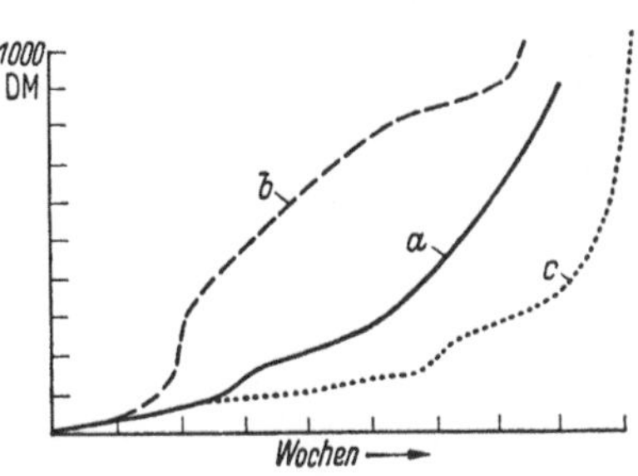

Abb. 47
Kostenkurven einer Auftragsabwicklung
a bei geplantem Verlauf: Konstruktion, Planung, termingerechte Bereitstellung und Fertigung; *b* bei vorzeitiger Material- und Betriebsmittelbereitstellung (Kapitalbindung, Zinsverlust, Lagerprobleme); *c* bei zu später Bereitstellung (Schicht-Überstunden, Umstellverluste, Nervenverschleiß)

Um nun den *Produktionsfluß* tatsächlich störungsfrei und wirtschaftlich halten zu können, müssen in der Fertigungssteuerung vorhanden bzw. bekannt sein:

1. Einwandfreie Auftragsstücklisten, aus denen sämtliche Teile und ihre Zugehörigkeit zu Unter- und Hauptgruppen ersichtlich sind, gleichzeitig aber auch, ob es sich um Einkaufs- oder im Hause zu fertigende Teile handelt (vgl. Heft 99, Abschn. 18, Tab. 11),

2. in Form von Fertigungsplänen (vgl. Heft 99, Abb. 25 und Abb. 26) die notwendigen Arbeitsoperationen nach Zahl, Art, Folge und erforderlichem Zeitaufwand, wobei von Bedeutung ist, ob die Arbeitsgänge an eine bestimmte Reihenfolge gebunden (chemische Prozesse, Härten u. dgl.) oder weitgehend frei sind,

3. der Standort und die Leistungsfähigkeit der Maschinen, Arbeitsplätze, Arbeitsplatzgruppen und Betriebsabteilungen,

4. nach Vorgabe der Aufträge an den Betrieb alle Störungen und planwidrigen Wartezeiten infolge Maschinenschäden, Mangel an Arbeitskräften oder Material, um durch entsprechendes Eingreifen und Umstellen Terminverzögerungen oder schlechte Maschinenauslastung zu vermeiden.

27. Fertigungsumfang (Arbeitsinhalt) der Werkstättenaufträge. Um die Beschäftigung der Werkstätten feststellen zu können, muß man den für die einzelnen Aufträge erforderlichen Fertigungsaufwand kennen und auf den gleichen Nenner bringen.

In der Einstoffindustrie kann man m, kg, m³, Stundenleistung usw. rechnen. Bei ähnlichen Erzeugnissen z. B. in der Kabelindustrie mit km, in der Galvanisierung mit Flächeneinheiten, z. B. dm², in Gewicht bei zu mischenden Stoffen usw. Bei uneinheitlichen Produkten, wie z. B. in der Eisen- und Metallindustrie, kommt als Maß für den Auftrag besonders bei der Festlegung von Angebotsterminen das zu erwartende Umsatzvolumen (Auftragsgröße in DM) in Frage. Sonst gelten die für die Auftragsdurchführung erforderlichen Arbeits-(Fertigungs)-Stunden, die durch Schätzung, Rechnung oder auf Grund der in bereits vorhandenen Fertigungsplänen eingetragenen Stück- und Rüstzeiten für die Einzelteile, Gruppen und Erzeugnisse bekannt sind. Die erforderliche Fertigungszeit (Zeit je Einheit, s. S.16) sowie Rüstzeit wird zweckmäßig auf Karteiblättern (Abb. 48) festgehalten. Sie braucht dann nur mit der Auftragsstückzahl multipliziert und zur Rüstzeit dazugezählt zu werden, um für die Planung Verwendung zu finden. Änderungen lassen sich ebenfalls unter Anmerkung von Tag, Änderungsgrund u. dgl. jederzeit übersichtlich nachtragen. Liegen keine einwandfrei ermittelten Zeiten vor, so muß man mit Zahlen der Nachkalkulation oder entsprechenden Schätzungen arbeiten.

28. Arbeitsplatz und Werkstättenkapazität [44]. Eine weitere Voraussetzung der Terminplanung ist die Kenntnis der vorhandenen Kapazität, das ist das *Leistungsvermögen* eines Betriebes, einer Bearbeitungsmaschine in der Zeiteinheit. Sie ist abhängig von der Anlagenbauart und deren technischen Daten, dem arbeitenden

Arbeitsinhalt des Gerätes ——————————

(Fertigungszeit in Minuten-Stunden)   Aufgest. am:——— von:———

Tag	Geräte Anzahl	Drehbänke						Fräsm.		Summe			Bemerkung
		Spitzen		Revolv.		Automat							
		t_r	t_e	t_r	t_e	t_r	t_e	t_r	t_e	t_r	t_e	Gesamt	
	Einheit												

Abb. 48. Zusammenstellung des Fertigungsumfanges (Arbeitsinhalt) für die Einheit eines Erzeugnisses

Menschen und seiner Leistungsfähigkeit und dem tatsächlichen bei der Arbeit oder der Maschinenbedienung erzielten Leistungsgrad. Bei den Betriebsmitteln als Gesamtheit aller betrieblichen Anlagen zur Erfüllung der Unternehmensaufgabe unterscheidet man für die „quantitative Kapazität", das *Mengenleistungsvermögen*, drei Begriffe, nämlich die Maximal-, Optimal- und Minimalkapazität, d. h. *Höchst-*, *Best-* und *Mindest-Leistung* je Tag, Woche, Monat oder Jahr.

Von der *Maximalkapazität*, entsprechend den technischen Leistungsdaten, muß ein gewisser Prozentsatz für Reinigung, Instandhaltung, Sicherheitsprüfungen, periodische Großreparaturen und technologisch bedingte Stillstände (z. B. Abkühlzeiten usw.) abgesetzt werden. Gleichzeitig sind aber auch Ausfälle infolge mangelnder Arbeitsorganisation (Auftragsdisposition, Materialmangel) und bei vom Bedienungspersonal abhängigen Fertigungsanlagen wegen Arbeitskraftausfall (evtl. Urlaub, mangelnde Arbeitsdisziplin usw.) zu beachten. Arbeitsphysiologisch bedingte Stillstände, z. B. durch Ruhepausen und natürliche Bedürfnisse des Arbeiters, sind bei Akkordarbeiten bereits im Verteilzeitzuschlag enthalten und daher bei der Anlagenkapazität nicht mehr zu berücksichtigen.

Die günstigsten auf Dauer erreichbaren Verhältnisse sind als *optimale Kapazität* zu bezeichnen.

Mindestkapazitäten spielen dann eine Rolle, wenn ein bestimmtes Betriebsmittel erst dann arbeitsfähig ist, wenn es mit einer gewissen Leistung in Anspruch genommen wird, z. B. Kupolöfen, Hochöfen. Allerdings können auch Wirtschaftlichkeitserwägungen im Vordergrund stehen, nämlich dann, wenn sich die Inbetriebnahme wegen zu geringer Mengenauslastung nicht lohnt.

Nicht unbeachtet bleiben darf dabei die „qualitative" Leistungsfähigkeit, der *Gütegrad*, der im Wesentlichen von der Altersgliederung der Anlagen und den Anforderungen, die vom Fabrikat her gestellt werden, abhängig ist.

Alte Anlagen können bei Einhaltung der vorgeschriebenen Güteanforderungen unter Umständen große Leistungseinbußen ergeben. Nicht zu vergessen, daß entsprechend dem Fertigungszweig neben leistungsfähigen Anlagen auch entsprechende Flächen für Bereitstell- und Abstellager, Büro- und Sozialräume vorhanden sein müssen.

Die ständige Untersuchung und Überwachung aller *Stillstandszeiten* macht es möglich, den notwendigen *Abschlag von der theoretischen Leistungsfähigkeit* zu ermitteln, einen Überblick über die *organisatorischen Fähigkeiten* der Werkstättenleitung zu gewinnen und *Fehlerquellen* aufzudecken. Um die gegebene Kapazität bis an die Grenze des Möglichen auszunutzen, braucht die Steuerstelle für die Auftragsverteilung laufend Erkenntnisse über den Betriebsablauf.

Registrierende Geräte, wie Maschinenschreiber, Stückzählwerke usw. bringen aber psychologische Wertungen bei der Belegschaft. Die Geräte dürfen nicht Mißtrauen auslösen, sondern sollen Hilfe für die Belegschaft sein: Abkürzung der Verlustzeiten durch rasche Übersicht und rechtzeitiges Eingreifen, Sicherung eines rentablen Unternehmens und damit der

Arbeitsplätze. Bei diesen Anlagen erhält die Produktionsmaschine für die Abnahme der Arbeitsimpulse Kontaktgeber, die die Impulse über Schwachstromkabel zur Mengen- oder Zeitregistrierung an die Diagrammschreiber Abb. 49 und 50 weiterleiten. Als Geber kommen Meterzähler in der Papierindustrie, Fotozellen als Lichtschranken, Bewegungsschalter, Endschalter, Mikrofon-Relais für Produktionsabläufe, bei denen Schwingungen auftreten, Temperaturgeber usw. in Frage. Da aber der Diagrammschreiber Maschinenlauf oder Stillstände nur durch einen waagerechten, evtl. unterbrochenen Strich anzeigt, müssen auch noch Stillstandsursachenmeldungen durch das Bedienungspersonal oder den Vorarbeiter hinzukommen, so daß in einer 2. Schreibzeile die Unterbrechungsgründe sichtbar werden. Stellt ein Arbeiter die Maschine still oder bleibt sie wegen einer Störung stehen, fordert ein Leuchtsignal sofort auf, durch Tastendruck anzugeben, aus welchem Grunde die Maschine steht. Evtl. kann eine Verzögerung vorgesehen sein, damit kürzere Unterbrechungen nicht zur Auswirkung kommen. Bei Wiederinbetriebnahme der Anlagen kommt die Tastatur wieder automatisch in Ausgangsstellung. Auch kann man die Maschinenlaufzeit und die für 5 Unterbrechungsursachen angefallenen Zeiten auf 6 Zählern je Maschine anzeigen, die abgelesen, bei vielen zu überwachenden Anlagen abfotographiert, und bei Schichtschluß wieder auf Null gestellt werden. Die Auswertung kann auch auf ganze Gruppen bezogen sein.

In der Maschinen- und Metallwarenindustrie wird man mangels einer wie oben genannten genauen Überwachung bei Werkzeugmaschinen 15···20% von der theoretisch möglichen Maschinenlaufzeit abziehen. Bei Handarbeitsplätzen wird meist für Krankheit, Urlaub und sonstige Störungen 12···15% abgesetzt, bei Akkordarbeitern gleicht der erreichte Über-

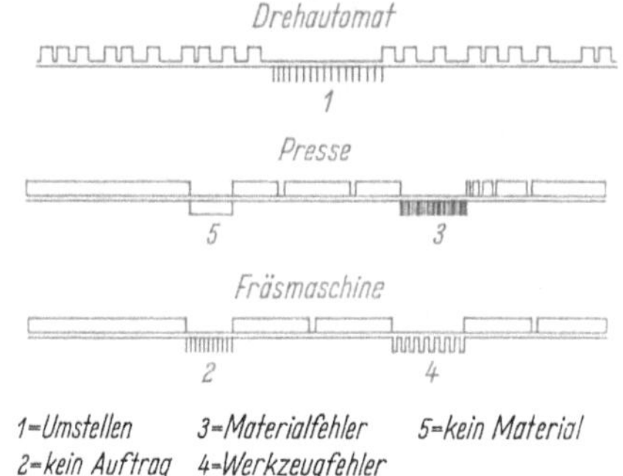

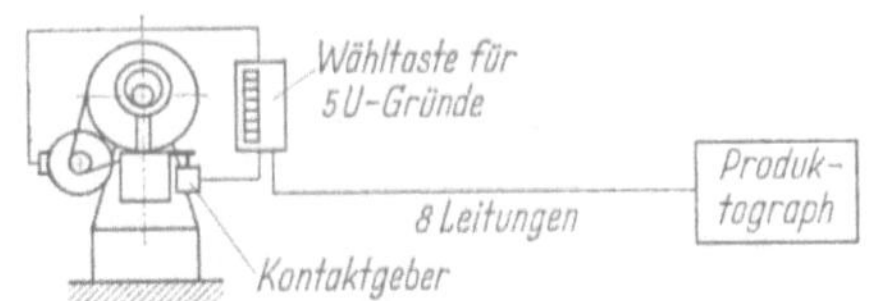

Abb. 49. Grundprinzip des Überwachungsgerätes   Abb. 50. Maschinenlaufzeit mit Unterbrechungsgründen

Abb. 49 u. 50. Prinzip eines Maschinenlaufzeit- und Unterbrechungs-Überwachungsgerätes mit Kontaktgeber und Wähltaste zur Eingabe von Hand (Tastendruck) für 5 Unterbrechungsgründe als Stillstandszeiten. Die Unterbrechungen werden mit verschiedenen Symbolen (Abb. 50, Nr. *1* bis *5*) von dem Diagrammschreiber aufgezeichnet (Papiervorschub z. B. 30 mm/Std.). Diese Geräte werden zur Produktionsüberwachung im Siemens-Produktographen (Abb. 61) eingebaut (Siemens & Halske AG.)

verdienst, entsprechend einem durchschnittlichen Zeitgrad von 10···15%, den Ausfall aus. In Einzelfertigungsbetrieben und Unternehmen mit stark wechselnder Kleinreihenfertigung wird man allerdings nie an diese Werte herangehen und etwa 20···40% der Kapazität für kurzfristig auszuführende Aufträge, nicht dauernde Belegung der vorhandenen Maschinen und Reparaturen freihalten. Die Kapazität kann rechnerisch, listenmäßig oder zeichnerisch in Wandtafelform angegeben werden. Die Art der Darstellung ist davon abhängig, ob die Planung nur auf die Gesamtkapazität abgestellt oder bis zu Maschinengruppen oder gar Einzelarbeitsplätzen durchgeführt werden soll.

29. Terminfestlegung und -überwachung. Am einfachsten ist die Terminierung, wenn nur *ein einziges Erzeugnis* hergestellt wird, das an mehrere Kunden geht. Meist wird in diesem Fall ab Lager geliefert, so daß die Fertigung nur klare Angaben braucht, welche Mengen zu bestimmten Terminen an das Lager zu liefern sind. Die Nachbestellung wird dann meist über Fertigfabrikate-Lagerkarteien mit Mindestbestandsmengen und wirtschaftlicher Mindestfertigungsmenge gesteuert. Ist kein Lager vorhanden, so wird eine einfache Liste, etwa wie Tab. 11, zur Terminfestlegung dienen. Man erkennt deutlich, wie sich Beschäftigung und Termine gegenseitig bedingen, wobei der richtige Ablauf aber nur gesichert ist, wenn der Betrieb nur *ein* Erzeugnis herstellt. Dabei müssen in der Verfahrenstechnik, z. B. in chemischen Betrieben, um eine bestimmte tägliche Mengenleistung zu erreichen, die Einrichtungen so aufeinander abgestimmt werden, daß an keiner Stelle ein Engpaß entsteht, wie die Abb. 51 als Beispiel erkennen läßt.

Tabelle 11. *Terminierung für einen Gegenstand, wenn kein Lager vorhanden und direkt aus dem Betrieb geliefert wird*

Bestell Nr.	Besteller	Menge	Erwünsch- ter Termin	Planungszeitraum							
				I	II	III	IV	V	VI	VII	VIII
				Sollerzeugung in der Planzeit							
				100	100	100	100	100	100	100	100
50300	A	100	I—IV	10	30	30	30				
50301	B	50	I—II	25	25						
50302	C	60	I—III	20	30	30					
50303	A	150	I—IV	45	15	40	20	30			
50304	D	100	V—VI	—	—	—	50	50			

Schwieriger werden die Verhältnisse, wenn *mehrere verschiedene Produkte*, allerdings bei gleichbleibenden Mengenverhältnissen zueinander, hergestellt werden. Man wird dann meist vom Lager aus liefern und nach Erreichen des Mindestbestandes in der Lagerkartei im Betrieb nachbestellen, wobei der Mindestbestand in Abhängigkeit von der Auftragsdurchlaufzeit bei der Fertigung und den zu erwartenden Umsätzen (Lagerumschlagsgeschwindigkeit) festgesetzt wird.

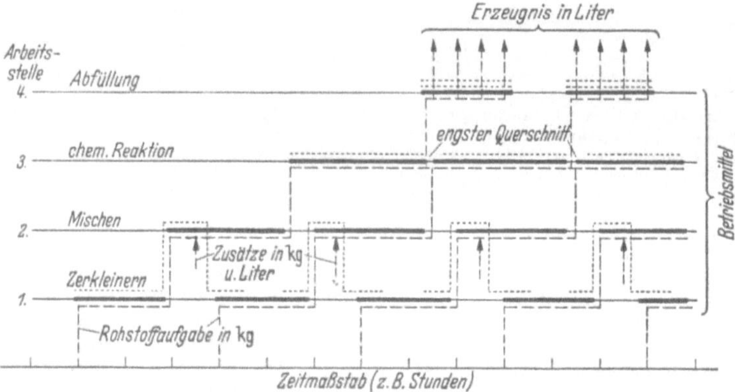

Abb. 51. Zeitlicher Ablauf einer Einstoff-Fertigung. Zugleich ersichtlich sind die in den jeweiligen Zeiträumen zur Verfügung stehenden Fertigungsmengen. . . . . . Arbeiterzeit; ————— Betriebsmittelzeit; ------- Werkstoffzeit

30. Grobsteuerung. Bei der Fertigung verschiedenartigster Erzeugnisse mit wechselnden Auftragsmengen geht man vom Absatzplan aus, der im einfachsten Fall mit Auftragswerten arbeitet, wobei der in der Vergangenheit erreichte Monatsumsatz als Maßstab gilt.

Abb. 52 zeigt einen derartigen Programmplan für die Investitionsgüterindustrie, der dann auch in der Fertigungssteuerung Verwendung findet. Die Hauptteile wie z. B. Stahlgußständer für Maschinen usw. deren lange Durchlaufzeit meist bekannt ist, können rechtzeitig disponiert, alles andere Material wird lt. Stückliste dann entsprechend später bestellt. Betriebsleiter und Meister sorgen an Hand dieser Programme für den rechtzeitigen Fertigungsbeginn bzw. Ablieferung. Eine recht einfache, aber in der Einzel- und Kleinreihenfertigung bei entsprechender Anpassung an die besonderen Betriebsverhältnisse kostengünstige und wirksame Auftragssteuerung.

Bessere Übersichten liefert die Steuerung bei wechselnder Auftragszusammensetzung nach aufzuwendenden Arbeitsstunden, in einem Erzeugungs-Durchführungsplan (ähnlich

Tab. 3, S. 9, in Heft 99) zusammengestellt und mit den verfügbaren Kapazitäten je Zeitabschnitt in Einklang gebracht. Für Aufträge, deren Durchlaufzeit einen Monat überschreitet, wird die gesamte Fertigungszeit im Liefermonat eingetragen, weil sich meist durch Überschneidungen in den einzelnen Monaten ein Ausgleich ergibt. Auch hier werden die Programme von der Arbeitsvorbereitung neben dem Einkauf an Betriebsleiter, Meister und evtl. Vorarbeiter gegeben, die damit einen guten Fahrplan haben. Wöchentliche Terminbesprechungen, in denen jeweils die neuen Programme durchgesprochen werden, können sehr aufschlußreich sein. Eine etwas erweiterte Ausführung einer derartigen Programmplanung zeigt noch Abb. 53 als sogenannter Schräglinienplan. Auch kann man die Programme in den Werkstätten zur allgemeinen Orientierung aushängen, wenn man nur die Auftragsnummern anführt, ja selbst gewisse Umstellungen im Programm lassen sich durch Bekanntmachung der etwa vorzuziehenden Aufträge auf großen Tafeln durchführen. So ist es bei weiser Beschränkung im Umstellen und nicht vernunftwidriger Hereinnahme von Aufträgen, die die Kapazität überschreiten, mit einem Kleinstmaß an Arbeit möglich, im wesentlichen den Fertigungsablauf einwandfrei zu erfassen, ohne großen Aufwand für Auftrags- und Arbeitsgangterminierung in den Büros, ohne Terminjäger in den Werkstätten und ohne unnötige Vergiftung der ganzen Betriebsatmosphäre durch Vorwürfe bei Terminüberschreitung.

31. Feinsteuerung. Nur wenn die vorbeschriebene Grobsteuerung durchaus nicht mehr befriedigt, sollte man unter sorgfältiger Prüfung aller Für und Wider *genauere Methoden* entwickeln, mit denen dann allerdings eine Terminplanung und Arbeitsfortschrittsüberwachung je Arbeitsplatz und je Auftrag notwendig wird. Die Terminübermittlung an die zentrale

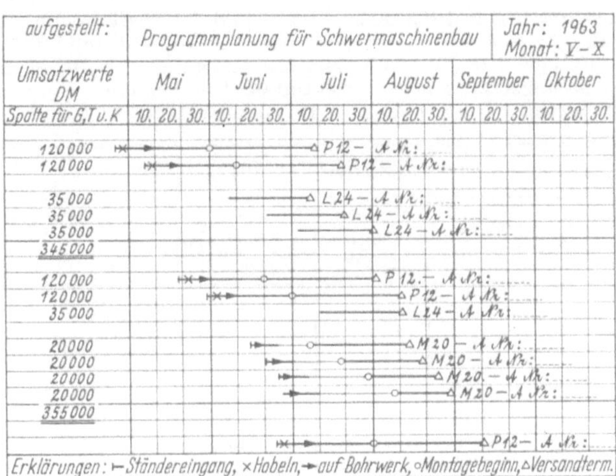

Abb. 52. Programm- und Terminplanung nach Umsatzwerten, wobei die Belastung der vorhandenen 2 großen Bohrwerke durch Stahlgußteile berücksichtigt wurde. Die Bearbeitung der M20-Stahlgußteile ist daher teilweise vorgezogen (dünne Linien zeigen Lagerzeiten), damit wieder rechtzeitig die Teile für P12-Aufträge bearbeitet werden können

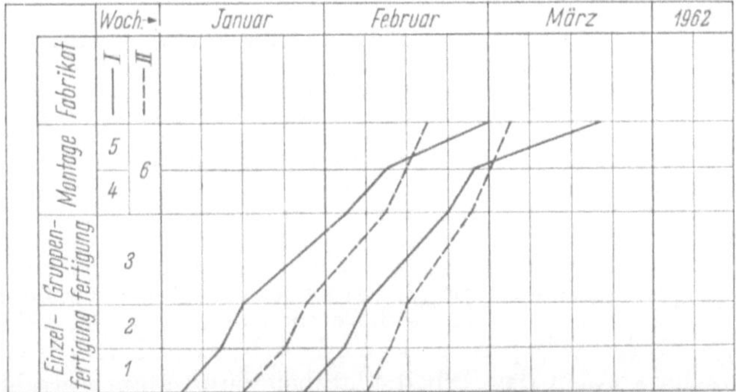

Abb. 53. Schräglinien-Arbeitsablaufplan, der bei Einzelfertigung im Großmaschinenbau unten noch die erforderlichen Arbeitszeiten für Konstruktion, Planung, Modell- und Materialbeschaffung enthält. Im vorliegenden Fall unterscheiden sich die Fabrikate nur im Montageverlauf

Auftragsverteilung oder den Betrieb erfolgt dann durch Einzelanweisung mittels terminierter Lohn- und Akkordscheine je Arbeitsgang oder mittels Werkstattaufträgen oder (Lauf-)Begleitkarten für mehrere Arbeitsgänge, die Rückmeldung durch Fertigmeldungen oder durch die Lohn- und Akkordscheine selbst. Zu prüfen bleibt auch hier, ob nicht entsprechend dem Grundsatz „nur melden, was nicht planmäßig läuft" keine 100% Rückmeldung angestrebt wird, entsprechend dem Grundgedanken: Keine Nachricht ist eine gute Nachricht.

Da aber auch bei dieser totalen Terminplanung, die einen großen Arbeitsaufwand erfordert und eine unvermeidbare Zettelflut im Gefolge hat, Umstellungen infolge von Betriebsstörungen, Ausbleiben von Material usw. nicht ausgeschlossen werden können, ist die Gefahr besonders groß, daß nach einer gewissen Zeit Planung und Wirklichkeit nicht mehr

übereinstimmen. Ebenso, daß dann mit Hilfe von Terminbeauftragten (der Ausdruck Terminjäger ist bei dieser hoch entwickelten Organisationsform verpönt) von oben energisch eingegriffen wird und die Zustände entstehen, die neuere RKW-Untersuchungen feststellen,
nämlich daß bei den 80 untersuchten Betrieben verschiedenster Branchen und Größen nur 8%
die Konstruktion und die planenden bzw. vorbereitenden Abteilungen mit in das Terminwesen einbezogen. Dadurch kommt es dann im Betrieb zu dem bekannten Termindruck, der
dazu führt, daß sich vom leitenden Direktor bis zum Vorarbeiter alles mit Terminen be-
schäftigt, kein Plan mehr stimmt und der ausführende Mann am Arbeitsplatz nur den Kopf
über die Unfähigkeit der gesamten Leitung schüttelt! Man wird daher auch hier zuerst durch
eine genauere Einzelplanung die fertigungstechnischen Engpässe feststellen, die mit ihrer
Leistungsfähigkeit den Gesamtausstoß bestimmen und die genaue Planung nur auf die
Schwerpunkte abstellen. Die Produktionsplanung wird dann auf Arbeitsplatz- bzw. Maschi-

Produktionsplan für den Monat _______________							
Liefergegenstand (Erzeugnis)	Monats- erzeugung Stück	Fertigungszeiten in Stunden					
		Spitzen	Drehbänke Revolver	Automaten	Fräs- masch.		Summe
Erford. Fertigungsstunden für die Monatsproduktion							
Vorhandene 1. Schicht							
Kapazität 2. Schicht							
Zusätzliche Überstunden							
Urlaube							

Abb. 54. Produktionsplan für z. B. 1 Monat oder 1 Vierteljahr, wobei die Fertigungsstunden- und Kapazitätsgegenüber-
stellungen auf Arbeitsgruppen und etwaige Engpaßstellen ausgedehnt ist. Man spricht bei dieser Darstellung der Inanspruchnahme der Kapazität auch vom *Belastungsplan*

nengruppen laut Abb. 54 ausgedehnt und nur für die Engpässe die Feinplanung angewendet.
Aber auch bei dieser Abstimmung zwischen optimaler Durchlaufzeit der Aufträge und günstigster Betriebsauslastung wird nur selten eine werkstattfremde, nur planende Stelle die
Übereinstimmung zwischen den qualitativen Anforderungen der Fertigungsaufträge und
der technischen Leistungsfähigkeit der Betriebsmittel und Menschen herbeiführen können,
vielmehr sollte auch hier die termingerechte Arbeitsverteilung im Betrieb oder in einer Zentralstelle neben dem Meisterbüro mit Unterstützung des Meisters erfolgen.

a) Terminplanung und -überwachung je Arbeitsplatz. 1. Die einfachste Form des Arbeitsplatzbelastungsplanes ergibt sich durch Zusammenrech-
nen der je Auftrag erforderlichen Arbeitsstunden, wobei neu hinzugekommene
Arbeiten zugezählt, fertig gestellte abgezogen werden. Übrigens spricht man im
Gegensatz von Belastung (geplante Inanspruchnahme der Kennleistung) von *Belegung*, wenn die tatsächliche Inanspruchnahme eines bestimmten Arbeitsplatzes
durch erledigungsreife Arbeitsvorgänge ermittelt wird. Eine übersichtlichere
graphische Form zeigt Abb. 55, die alle zu einem bestimmten Zeitpunkt insgesamt
vorliegenden Arbeiten mühelos erkennen läßt, aber nicht, wie auch bei der rein
rechnerischen Art, den Zeitpunkt des wirklichen Arbeitsanfalles.

2. Eine weitere Möglichkeit der Arbeitsplatz-Belastungsübersicht ergibt sich mittels
Kugelsäulen, wenn die Belastung durch der Arbeitsstundenzahl entsprechenden Kugelzulauf
und nach Arbeitserledigung durch entsprechendes Ablaufenlassen gekennzeichnet wird. Die
verbleibende Höhe kennzeichnet den jeweiligen Arbeitsumfang, jedoch nicht den Auftrag
und die Reihenfolge selbst. Aber auch mit Sichttafeln (evtl. beleuchtet) läßt sich die für einen

Arbeitsplatz vorliegende Arbeit darstellen, wenn die Schiebersäulen sich über Zahnstange, Ritzel und Schaltscheiben so auf- oder abwärts bewegen lassen, daß jedem Skalenstrich beim Vor- oder Rückwärtsdrehen der Schaltscheibe die Auf- oder Abwärtsbewegung der „Arbeitssäulen", z. B. 10 Minuten, entspricht.

3. Schreibt man, wie in Abb. 56 die Stunden nebeneinander und benutzt hierzu ein besonderes Liniennetz, in dem die senkrechten Spalten die Stunden und jede Zeile eine Abteilung oder Maschinengruppe in drei Schichten darstellt, so kann man leicht nach dem sogenannten GANTT-Verfahren (charts) die Terminplanung durchführen, wenn man die Auftragsstunden durch Pfeile oder eingesteckte Papierstreifen kenntlich macht. Die Aufträge laufen also vor Ausgabe an die Werkstätten über die Terminstelle, werden terminiert und im Auslastungsplan entsprechend der Stundenzahl eingesteckt.

Zu beachten ist noch, daß die Tageskapazität in Stdn. entsprechend der vorhandenen Maschinenzahl verschieden ist. So ist zum Beispiel bei 10 Drehbänken mit je 7 Stdn. tatsächlicher Laufzeit die Schicht-Kapazität 70 Stdn., bei 5 Fräsmaschinen 35 Stdn. usw., was bei Bestimmung der Streifenlänge zu berücksichtigen ist. Hier ist es auch leicht möglich, dringende Arbeiten einzuschieben und, ohne die ganzen Streifen zu verschieben, den Auftrag rückwärts anzufügen, die Stelle aber zu kennzeichnen, die terminrichtig ist. Selbstverständlich müssen dann die bereits im Betrieb befindlichen Aufträge folgerichtig zurückgezogen und neu befristet werden; denn gerade diese Arbeit soll dazu zwingen, einmal die Werkstätten nicht auf zu lange Sicht mit Aufträgen voll zu pumpen, ungeklärte Arbeiten nicht in den Betrieb zu geben und nicht leichtsinnig Fristen abzugeben und umzustoßen. Sonst ist zu bald

Kostenstelle 322		Maschinen-Gruppe DR 150 × 1000	Auftrag Teil Nr	Stück		Gesamt-Stunden
Vorliegende Aufträge in Std. ▨				Zeit in min	Zahl	
Erledigte „ „ „ ■						
100	200 300 400 500 600 700 800 900 1000		S248-113 S001Bt-1	48	1000	80
			S248-113 S001Ct-2	16,2	4000	108
			S248-113 S001Dt-3	12	200	40
			2348-114 2002/t-5	3	1400	70
			2548-115 2501/3-6	21,6	200	72
			2248-116 3003Ct-2	9	1000	150
			3148-107 3002B3-1	8	200	60

Abb. 55. Maschinen- oder Arbeitsbelastungsplan. Die an den Betrieb gegebenen Auftragsstunden werden zahlenmäßig und bildlich (schraffiert) erfaßt, ebenso die vom Arbeitsplatz als erledigt gemeldeten Auftragsstunden (Zahlen gestrichen, schraffierte Fläche schwarz überzeichnet). Vgl. F. HEINRICHS: Betriebstechnisches Taschenbuch, München 1947

Maschinengruppe Montagearbeit	Kapazität Schicht | Stunden		2.	3.	4.	5.	6.	7.	10.	11.
Drehbänke 125 × 2000 10 Stck.	1	70								
	2	21								
	3	—								
Fräsmaschinen (universal) ·225 × 1500 5 Stck.	1	35								
	2	—								
	3	—								
Bohrmaschinen	1	100								

Abb. 56. Maschinenbelastungsplan mit auswechselbarem Monatsstreifen (Sonntage sind gestrichen, ebenso Samstage, sofern an ihnen nicht gearbeitet wird. — Viele Betriebe benützen heute sogenannte Betriebskalender und zählen nur die Werktage fortlaufend). Gesteckte Kärtchen oder eingezeichnete Pfeile geben die Arbeitsdauer — Frist — an. Zweckmäßig ist, die Belastung höchstens für Engpaßmaschinen, sonst aber nur für gleichartige Maschinengruppen durchzuführen

trotz schöner Terminpläne wieder der alte Zustand da, daß sich kein Mensch mehr in der jeweiligen Dringlichkeit der Aufträge auskennt und der ganze Betrieb einem Auftrag nach dem anderen nachjagt und der Meister oft innerhalb einer Stunde dem Fabrikinhaber, Direktor, Betriebsleiter, Betriebsingenieur und der Terminstelle Auskunft über den Arbeitsstand geben muß, statt daß die Terminstelle als allein zuständig Auskunft gibt. Eine entsprechende Statistik über die so verlorengehenden Arbeitsstunden würde wohl in den meisten Betrieben kurzfristigst der Terminjägerei ein Ende bereiten.

4. Werden *Zweitschriften* der für die Arbeitsgänge üblichen Einzelbelege in *Karteiform* (Staffelsichtkartei) für jeden Arbeitsplatz abgestellt, so läßt sich auch damit eine übersicht-

liche und raumsparende Belegung durchführen. Mit entsprechenden Sichtwänden und Reitern werden die für einen Zeitabschnitt verfügbaren Kapazitäten und nach Einstecken der Zweitschriften der vorgegebenen Arbeitskarten ebenfalls mittels Reiter die Anzahl der belasteten Stunden gekennzeichnet.

5. Aber auch in den *Werkstätten* muß eine gewisse Übersicht über die Arbeitsplatzbelegung vorhanden sein, sofern man nicht die Aufträge von einer Zentralstelle aus verteilt und auch die Be- und Entlastung der Arbeitsplätze durchführt.

Meist dient der sogenannte Werkstattauftrag (Durchschrift oder Abzug des Arbeitsplanes) dem Meister als Übersicht. Vielfach werden diese Formulare mit den Lohn- und Akkordscheinen nach Auftragsnummern und innerhalb dieser nach den eingetragenen Beginn- oder Endterminen in besonderen, die Arbeitsplätze kennzeichnenden Taschen oder Kästchen bereitgestellt. Bei Herankommen des Termines oder Freiwerden des Arbeitsplatzes bzw. der Maschine wird die Arbeit mittels Lohn- und Akkordschein vorgegeben, Name des Arbeiters und Tag im Lohnschein und dem Werkstattauftrag eingetragen und dieser wieder abgestellt. Nach Arbeitserledigung und Eintragen der Erledigtvermerke geht der Lohn- oder Akkordschein (evtl. Terminmeldestreifen) zur Terminstelle und der Werkstattauftrag zum nächsten Arbeitsplatz. Inwieweit die einzelnen Lohn- und Akkordscheine schon mit dem ersten Arbeitsgang an alle beteiligten Meistereien gestreut ausgegeben werden, um so der Abteilung eine gewisse Übersicht über die kommenden Arbeiten zu geben, oder mit dem Werkstattauftrag von Meisterei zu Meisterei laufen, so daß jeder nur den ihn betreffenden entnimmt, hängt von den betrieblichen Verhältnissen ab. Eine entsprechende Übersicht über laufende und evtl. kommende Aufträge sollte man aber in jedem Fall in den Werkstätten schaffen.

Fristenplan zum Erzeugnis Typ: ………… Ausführung: …………	Januar			Februar			März			A. Nr. Kennwort Arb.-Std.
Kostenstellen	10	20	30	10	20	30	10	20	30	Arb.-Std.
Konstruktion	▨	▨								
(AVO) Planung / Mat.-Bereitst.		▨	▨	▨						
Tischlerei				▨	▨					
Eisengießerei					▨	▨				
Schmiede						▨	▨			
Mech. Bearbeitung							▨	▨		
Montage							▨	▨		
Lackiererei								▨	▨	
Packerei									▨	

Abb. 57. Fristenplan für einen großen Auftrag der Einzelfertigung in Stufenform

b) Terminplanung und -überwachung je Auftrag. Eine Übersicht über die Abwicklung eines Fertigungsauftrages in der reinen *Einzelfertigung* des Großmaschinenbaus zeigt Abb. 57, wobei diese *progressive Terminbestimmung* dem natürlichem Gang des Arbeitsablaufes folgt und den Arbeitsablauf zwischen den jeweiligen Beginn- und Endtermin (Ecktermine) darstellt. Bei der Verwertung einer derartigen Planung muß aber auch die bereits verfügte Kapazität des Betriebes durch andere, vorhergehende Aufträge berücksichtigt werden. Es ist auch immer zweckmäßig, die einzelnen an der Auftragsbearbeitung beteiligten Betriebsstellen — Konstruktion, Stücklistenabteilung, Fertigungs- und Materialplanung, Auftragsunterlagen- und Materialbereitstellung, Einzelteilfertigung, Montagen, Versand — gesondert aufzuführen, damit bei der Terminabgabe an den Kunden nicht vergessen wird, daß nach der Konstruktion und Planung auch noch gefertigt werden muß!

Rechnerisch ermittelt sich die erforderliche Fertigungszeit aus:

$$N + A + \frac{(Q\,L + R)/D}{\text{Std.}} = FZ\,.$$

Dabei ist:

N = Anzahl der Fertigungsvorgänge,
A = Anzahl der zu durchlaufenden Abteilungen,
L = direkte Lohnkosten pro Stück in DM,
R = normale Rüstkosten pro Auftrag (Los) in DM,

Q = Auftragsgröße (Losgröße) in Stück,
D = durchschnittlicher Stundenverdienst pro Arbeiter in DM,
Std = effektive Arbeitsstunden je Arbeiter und Tag,
FZ = gesamte Fertigungszeit in Arbeitertagen.

Selbstverständlich kann die Formel in etwas abgewandelter Form auch für die Errechnung der Fertigungszeit in Arbeitertagen für Betriebe mit Leistungslohn benützt werden.

1. Zur genaueren Planung und Überwachung kann man auch die *Fertigungsstückliste* mit angehängten oder angeklebten Spalten benutzen: Im Hauptteil findet man die Spalten für Material- und Betriebsmittelbestellung bzw. Freigabe, Eigen- und Fremdlieferung, Auftragsvergabe an den Betrieb, im angehängten Teil entweder nur die Arbeitsgänge oder auch deren Zeitdauer. Im letzten Falle kann man einen Netzvordruck mit Tages- oder Wochenraster benutzen.

Terminplan für Gerät: 5001

Datenteil der Fertigungsstückliste:

Lfd. Nr.	Fertigung Fremd (o)	Fertigung Eigen (▽)	Stück	Benennung	Zeichnung	Material-Teile bestellt	Material-Teile freigeg.	Auftr. an Betrieb	Lt. Akk. Zett. oder Leitkarte ausgeliefert — Gut	Aussch.	Aussch. nachbestellt	Fremd: Zwisch.-Bearbtg.	Bemerkg.
1	—	▽	620	Schraubteil	5001 B1-1	15.9.44	20.12.44	28.12.44	602	18			
2	—	▽	620	Grundplatte	5001 C1-2	„	„	„	605	15			
3	–	▽	1240	Seitenteil	5001 D1-3	„	„	„	1210	30			
4	o	▽	650	Ring	5001 D1-4	„	„	„	605	45		3.1.45	Isola AG.
5	o	—	2400	Schraube	M8×15 DIN551	—	5.1.45	—	—	—			
6	—	▽	600	Gehäuse	5001 B1 U1	—	—	6.1.45	600	—			
7	—	▽	1230	Abdeckdeckel	5001 B1-5	15.9.44	5.1.45	5.1.45	1200	30			
8	o	—	1800	Schraube	M8×10 DIN86	—	8.1.45	—	—	—			
9	—	▽	1810	Querbacken	5001 C1-6	15.9.44	5.1.45	5.1.45	1790	20	50 10.1.45		
10	—	▽	600	Brücke	5001 D1 U3	—	—	8.1.45	600	–			
11	—	▽	1220	Verriegelung	5001 D1-7	15.9.44	20.12.44	22.12.44	1200	20			
12	—	▽	1200	Bolzen	500 C1-8	„		„	1200	–			
13	—	▽	1210	Kappen	5001 B1-9	„		„	1208	2			
14	—	▽	600	Schieber	5001 C1 U4	—	—	—	600	–			
15	o	—	1200	Schraube	M16×65 DIN931	15.9.44	10.1.45	—	—	—			
16	—	▽	600	Dichtung	5001 D1-U2	—	—	10.1.45	600	—			

Terminraster (Arbeitsgangnummern in den Tagesspalten; handschriftlich, Lesung annähernd):

Lfd. Nr.	1. Mo	2. Di	3. Mi	4. Do	5. Fr	6. Sa	8. Mo	9. Di	10. Mi	11. Do	12. Fr	13. Sa	15. Mo	16. Di	17. Mi	18. Do
1	1	2	3			4										
2						1										
3				1	2	3	4									
4	1			2		3										
5																
6								1				2				
7						1		2		3						
8																
9											1					
10												1				
11			1			2										
12	1					2										
13					1											
14						1				2						
15																
16												1	2			

Abb. 58. Bearbeitungsstammbaum eines Gerätes (Losstückzahl) der Reihen- und Massenfertigung. Kann zugleich als Arbeitsfortschrittsplan verwendet werden

2. Allgemein wird man die *Arbeitsfortschritts-Überwachung* je Auftrag nach den in der Terminstelle verbleibenden *Terminkarten* durchführen, wobei es sich praktisch um eine Durchschrift — Abzug — des Werkstattauftrages handelt.

Man fügt zwei Spalten hinzu, eine für die Eintragung der Arbeitsgangtermine bei der Terminierung der Aufträge, vor Herausgabe an die Werkstätten, und eine für den „Erledigt-Vermerk". Die Terminkarten werden in der Terminstelle abgestellt, entweder nach den oben am Rand eingetragenen (gekerbten) *Terminen* oder auch *Aufträgen*, wobei aber eine tägliche Durchsicht des ganzen Auftrages nach fälligen Karten notwendig wird, was im ersten Fall vermieden ist. Der Erledigungsvermerk wird entweder auf Grund des durch die Terminstelle laufenden, abgerechneten Akkordscheines eingetragen oder, weil dies meist infolge Abrechnungsschwierigkeiten zu dauernden Verzögerungen und Reibereien führt, auf Grund eines besonderen Terminmeldestreifens, der den Akkordscheinen angeheftet ist und nach Arbeitserledigung sofort von den Werkstätten zur Terminstelle läuft, bei denen aber erhöhte Verlustgefahr gegenüber den einen Wert darstellenden Akkordscheinen besteht. Es kann dann auf Grund der Terminkarten sofort der Stand der Bearbeitung festgestellt werden.

3. In der Großreihenfertigung geht man vom sogenannten *Bearbeitungsstammbaum* Abb. 58 aus, der sich leicht aus einem sauber unterteilten Konstruktions-Zeichnungsaufbau entwickeln läßt. Aus ihm ist, vom Liefertermin ausgehend, ersichtlich, wann mit den einzelnen Zusammenbauarbeiten der Gruppen und Untergruppen, und bei den Einzelteilen, wann mit der Bearbeitung begonnen werden muß, damit der Liefertermin eingehalten werden kann (*retrograde Terminbestimmung*). Die Pfeillängen zeigen die Dauer des Arbeitsganges bei Hintereinander-

schaltung an; doch kann auch durch verschobene Untereinanderordnung der Pfeile nach Abb. 59 die Arbeitsdauer angezeigt werden, wenn nach Erledigung des Arbeitsganges an einigen Stücken bereits mit dem nächsten begonnen wird, also beide Arbeitsgänge an verschiedenen Stücken gleichzeitig laufen. Die Ziffern können Arbeitsgänge, ausführende Kostenstellen-Nrn. oder Maschinengruppen bezeichnen. Meist wird der Plan nicht für die Einheit, sondern für eine wiederkehrende Losgröße entwickelt.

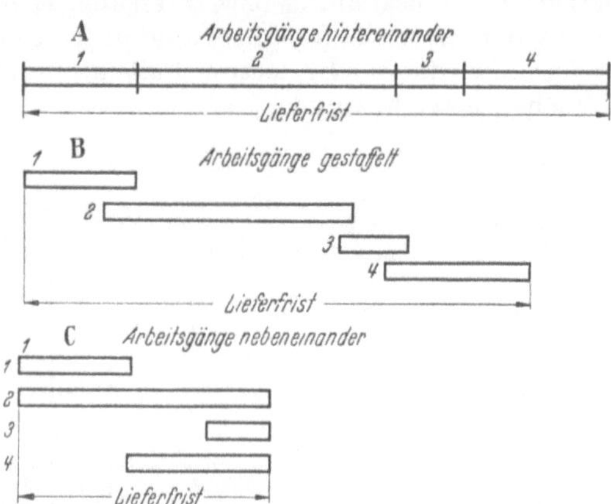

Abb. 59. Einfluß der Arbeitsgangschaltung — hintereinander oder überdeckt — auf die Lieferfrist

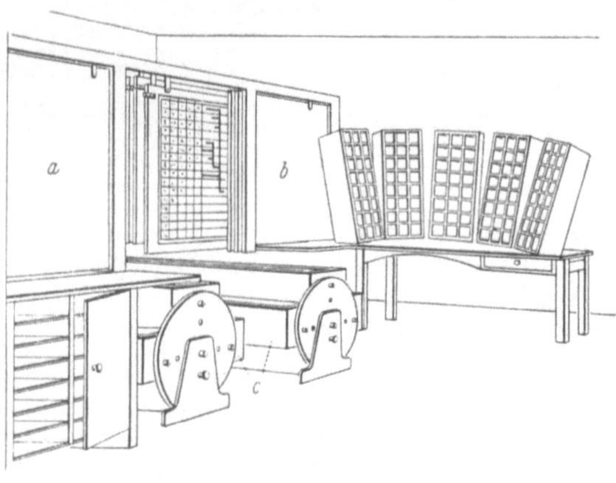

Abb. 60. Terminstelle für einen Mittelbetrieb
a und b verschiebbare Tafeln, auf denen Werkstattsauslastungs- und Arbeitsfortschrittspläne aufgespannt werden; c drehbare Vierfach-Karteitröge, in denen die Terminkarten nach Aufträgen und innerhalb dieser nach Teilen, aber auch nach Fälligkeitsterminen, abgestellt sind (links unten Schrank für Stücklisten)

Im übrigen kann dieser Plan auch als *Arbeitsfortschrittsplan* Verwendung finden, wenn man auf Grund der erledigten Akkordscheine oder der diesen angefügten Terminmeldestreifen den erledigten Arbeitsgang am Plan abstreicht. Mit einem Blick übersieht man dann sofort den Stand der Bearbeitung des jeweiligen Auftrages. Nicht zu vergessen ist dabei, daß der Plan pausbar gemacht und nur Pausen als Arbeitsfortschrittsplan Verwendung finden, damit nicht für jedes Los die ganze Entwicklungsarbeit neu zu machen ist. Inwieweit dann die Beginn- oder Fertigtermine in den Auftragszetteln der zuständigen Meisterei zugeleitet werden, hängt hauptsächlich von der Art der Erzeugnisse ab, wie auch, ob der Fertigtermin nur für das Einzelteil oder für jeden Arbeitsgang eingetragen wird. Wesentlich ist auf alle Fälle, daß die betroffene Abteilung rechtzeitig diese Fristenpläne zu Gesicht bekommt, sei es durch wöchentliche Besprechungen in der Auftragsverteilung oder Zustellung der Pläne selbst. Abb. 60 zeigt eine Fertigungssteuerung (Terminstelle) die mit Fortschrittsplänen auf verschiebbaren Wandtafeln arbeitet.

In der *Massenfertigung* beschränkt sich die einmal gründlich durchgeführte Planung auf die laufende Mengenüberwachung aller am Gang der Auftragserledigung beteiligten Stellen. Die Auftragsverteilung ist hier durch den Begriff der Leistungsabstimmung gekennzeichnet: sie wurde im einzelnen im Rahmen der Arbeitstaktplanung (Heft 99, Abschn. 29a) behandelt.

c) Fertigungszentralen

[45]. Das Organisationsprinzip der Zentralisierung bietet sich besonders in der Terminplanung und Überwachung an, wobei diese Zentralen besonders nahe an die Produktionsabteilungen heranrücken. Um nun bei stark wechselndem Programm günstigste Maschinenauslastung und kürzeste Durchlaufzeiten der Aufträge zu sichern, wird die Maschinenlaufzeit, aber auch Stillstandszeit, nach Ursachen getrennt, durch verschiedenfarbig aufleuchtende Lampenfelder und durch Minutenzählwerke oder Schreiber zur späteren Auswertung registriert. Automatisch betätigte Geber an den Maschinen melden in Form

von Impulsen gefertigte Stückzahlen (Hübe, m. usw.) und zeigen z. B. an Hand von entsprechend der Vorgabestückzahl eingestellten Anzeigegeräten (Lichtsäulen) in der Zentrale den tatsächlichen Verlauf der Fertigung (Abb. 61 u. 62).

d) Lochkarten und Datenverarbeitungsanlagen in der Fertigungssteuerung [*46*]. Ausgangspunkt ist auch hier die in eine Lochkartenkartei aufgelöste Stückliste. Sie dient der Ermittlung des Teilbedarfes für Fremdbezug als auch dem lochkartengesteuerten Schreiben der Stücklisten für Werkstatt und Montage.

Dann kommt die *Arbeitsplan-Lochkartenkartei* mit den notwendigen Rohmaterialmengen und den erforderlichen Arbeitsgangangaben mit Rüst-, Stückzeit, Werkzeugdaten, Kostenstellen usw. Mit ihrer Hilfe wird an Hand der Auftragsstückzahl das notwendige Fertigungsmaterial je Auftrag festgestellt. Desgleichen werden die Vorgabezeiten zwecks Gegenüberstellung mit der vorhandenen Kapazität ermittelt und die Arbeitsplankartei findet auch zur maschinellen Vorbereitung der terminisierten Fertigungssteuerungspapiere, wie Materialentnahme, Lohn-, Prüf- und Fertigmeldung, sowie des Arbeitsplanes selbst Verwendung. Bezüglich der Texte für Arbeitsbeschreibungen soll die Lochkarte selbst nur Hinweise auf ausführliche Arbeitsunterlagen enthalten. Verkürzte ORMIG-Texte auf Lochkarten (Verbundkarten) bringen zwar eine beschränkte Lösungsmöglichkeit, besser ist aber die eigene ausführliche Angaben enthaltende Lochkartentextkartei.

Die *Maschinen-Arbeitsplatzkartei* mit Angaben der verfügbaren Kapazität je Zeiteinheit (Stunde, Tag, Woche, Monat), der Kostenstellen- und Inventar-Nr. ist das nächst wichtige Lochkartenhilfsmittel, die Terminierung der Auftragspapiere durchzuführen.

Eine *Teilestammkartei* unterrichtet darüber, in welchen Erzeugnissen die einzelnen Teile vorkommen, was für geplante Konstruktionsänderungen wichtig ist.

Eine *Konstruktions-Sachgruppenkartei* (ähnliche Teile) sagt schließlich nach Art des technologischen Herstellprozesses aus, ob es sich um Räder, Wellen, Guß-

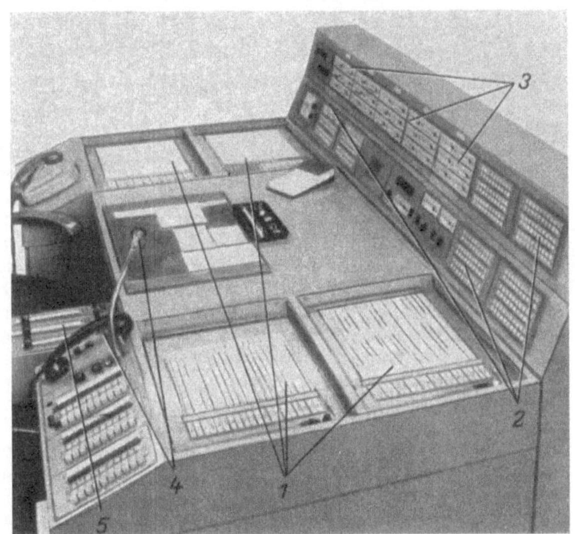

Abb. 61. Produktograph, ein System zur automatischen Erfassung von Daten aus der Fertigung (Siemens & Halske AG., München 1). *1* Tages- oder Wochendiagrammen der Anlagenlauf- und Stillstandszeit (vgl. Abb. 49 u. 50); *2* Lampenfeld zur optischen Anzeige der Unterbrechungsgründe bei Maschinenstillständen: Lampen werden durch Drücken der Unterbrechungstasten in den Werkstätten zum Aufleuchten gebracht; *3* Zählerfelder erfassen die Maschinenlauf- und Stillstandszeiten und ergeben durch Zusammenfassung und automatische Summierung Sammelwerte für beliebige Zeiträume; *4* Wechselfernsprecher dienen zur Übermittlung von Auftragsdaten; *5* Schnellschreiber führen Arbeitsanalysen an beliebig angeschlossenen Maschinen durch

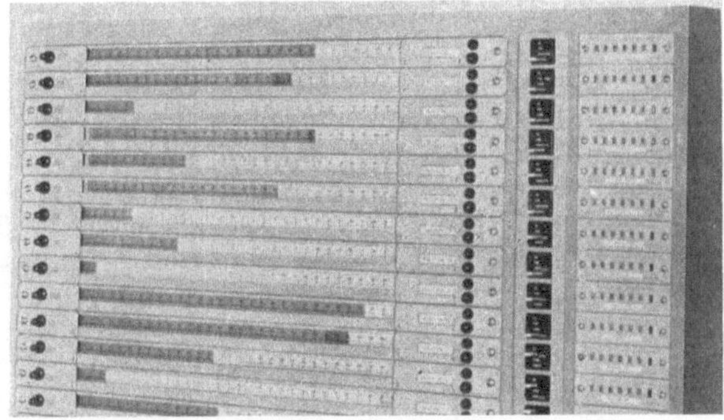

Abb. 62. Zum besseren Verfolgen des einzelnen Auftrages sind neben Mengenzählern auch noch Linearzähler in der Fertigungszentrale vorhanden. Mit Hilfe eines gelben Filmbandes wird auf einer weißen Skala von Hand (von rechts nach links) die Auftragsstückzahl eingestellt. Mit Hilfe von Impulsen, die entsprechende Geber an den Produktionsmaschinen auslösen, wird ein blaues Filmband im Takt des Arbeitsablaufes vorgezogen (rechts nach links) und gibt laufend den Fertigungsstand an. Anstelle von Stück lassen sich auch Vorgabezeiten einstellen (Siemens & Halske AG., München 1)

bzw. Schweißkonstruktionen oder sonstige Teilefamilien handelt. Sie verweist den Konstrukteur auf vorhandene Konstruktionen oder den Fertigungsplaner beim Planen von Fertigungsstraßen auf Teile, die in der Regel gleiche Bearbeitungsfolgen zeigen (vgl. Heft 99, S. 32).

Ablaufmäßig für die Erstellung der einzelnen Unterlagen bzw. zur Einleitung von Sortier-, Rechen-, Auflistungsvorgängen usw. werden zuerst die sich aus dem Verkaufs- bzw. Erzeugungsdurchführungsplan ergebenden Belastungen für Einzelteile, Gruppen- und Fertigfabrikate in Lochkarten übernommen, nach Maschinen- bzw. Arbeitsplatzgruppen und Planungszeiträumen sortiert (Kapazitätsbeanspruchung) und den verfügbaren Kapazitäten gegenübergestellt.

Nach Auftragseingang wird eine Auftragskarte mit Angabe der Fabrikate Nr., der Auftragsstückzahl und des Termines gelocht. Durch sie ausgelöst werden aus den Matrizkarteien Arbeitsplan, Akkordkarte, Materialbezugschein, Arbeitsbegleitpapiere und Terminkarte (evtl. Prüfkarte und Fertigmeldung) auf dem Drucker erstellt.

Im Rahmen der Materialwirtschaft wird zuerst die vom Produktionsprogramm abhängige Teile- und Rohmaterialbedarfsermittlung (Bruttobedarf) und dann die Lagerbestände berücksichtigende Bestelldisposition (Nettobedarf) durchgeführt. Neben den in Lochkarten aufgelösten Stücklisten muß zu diesem Zweck auch der Inhalt der Lagerkartei einschl. Mindestmengenangaben auf Lochkarten übernommen werden.

Für die Fertigungssteuerung sind die Akkordkarten und als Doppel die Terminkarten auf Lochkarten übertragen und diese können unter Berücksichtigung von Vorlaufzeiten mit Terminen versehen und zur Aufstellung von Belastungsübersichten herangezogen werden. Dabei versteht man unter Vorlaufzeiten die Zeitspannen zwischen Arbeitsbeginn am Einzelteil und Montage, und der Beginntermin wird durch Rückrechnung der Auftragszeiten je Arbeitsgang und Teil zusätzlich einer Konstanten für Arbeitspapierherstellung und Lager- bzw. Transportzeit festgelegt, wobei an Stelle des ungeeigneten Kalenderdatums ein eigener Fabrikkalender tritt, der nur die tatsächlichen Arbeitstage im Jahr ohne Unterbrechung weiterzählt.

Eine Auflistung und Saldierung der im verflossenem Zeitabschnitt an den einzelnen Arbeitsplätzen bzw. Arbeitsplatzgruppen tatsächlich geleisteten Fertigungsstunden gibt mögliche Belastungs(Kapazitäts)-zahlen. Bei der Ermittlung der Termine wird aber auch noch die augenblickliche Belastungssituation am Arbeitsplatz berücksichtigt.

Die Abläufe der sogenannten konventionellen Lochkartentechnik können durch elektronische Rechenanlagen wegen ihrer hohen Speicher- und Rechengeschwindigkeit noch schneller bewältigt werden. An Stelle der Lochkarten treten dann die Magnetbänder, mit vollkommen neuen Möglichkeiten.

32. Die Unterlagen für die Steuerung des Fertigungsablaufes hängen ab von der Betriebsgröße, der Art der Erzeugnisse und der Frage, wie weitgehend planend und steuernd in das Betriebsgeschehen eingegriffen werden soll (s. a. Abschn. 23 b: Vordrucke, Vervielfältiger). Grundsätzlich benötigt man Unterlagen für die Lieferungssteuerung vom Werkstofflager bis zum Fertiglager, für die Werkstattbeauftragung und für die Arbeitsvorgabe an den Arbeiter.

a) Lieferungssteuerung. Im praktischen Betrieb dient zur Steuerung der Arbeitsstücke von Arbeitsplatz zu Arbeitsplatz die Leit- oder Arbeitsbegleitkarte, nachdem der Werkstoffentnahmeschein die Bereitstellung des Materials veranlaßte (vgl. Abb. 42). Der Vordruck ist so gestaltet, daß die wiederkehrenden Leitworte, wie Auftragsnummer, Zeichnung, Werkstoff, Teilbezeichnung usw., in Maschinen- oder Handschrift im Durchschreibverfahren oder auf Vervielfältigern für alle Vordrucke eines Auftrages auf einmal ausgeschrieben werden können. Sich ändernde Spalten, wie z. B. auf den Akkordscheinen und Werkstattaufträgen der Name des Arbeiters, auf den Akkordscheinen die Abrechnungsvermerke, auf den Leit- und Terminkarten die Liefervermerke usw., müssen dabei immer *außerhalb* des eigentlichen Vervielfältigungs- oder Durchschreibefeldes liegen, da sie erst nachträglich handschriftlich ausgefüllt werden.

Man kann diese Vermerke, allerdings etwas umständlicher, auch *innerhalb* des Vervielfältigungsfeldes anbringen unter Benutzung jener Spalten rechts, in denen sich sonst Betriebsdaten befinden, die auf der Leitkarte nicht weiter interessieren. Beim Abziehen oder

Durchschreiben wird dieses Feld dann durch Papierstreifen abgedeckt, so daß es für spätere Eintragungen frei bleibt. Beim Ormigverfahren wird man diese Streifen wegen des leichten Verschiebens beim Einlegen der Formulare zum Abziehen zweckmäßig leicht ankleben. Abb. 63 zeigt eine solche Möglichkeit für Betriebe, in denen öfters Teillieferungen gemacht und gesonderte Nacharbeiten erforderlich sind. In der Leitkarte werden schließlich von der Kontrolle die „Gut"- und „Ausschuß"-Stückzahlen eingetragen und nach Fertigstellung vom Lager übernommen.

b) Zur Werkstattbeauftragung geht ein Werkstattauftrag mit den Akkordzetteln je Arbeitsgang von Meisterei zu Meisterei, wenn jede Meisterei ihre eigene Arbeitsverteilung hat. In seinen Rückseiten-Spalten wird der Name des Arbeiters, der Arbeitsbeginn und das Ende eingetragen. Eingeordnet und abgestellt werden die Aufträge in der Meisterabteilung nach Auftragsnummern (bereitgestellt und in Arbeit), nach Beginn- oder Fertigterminen oder in Taschen oder Kästchen für die

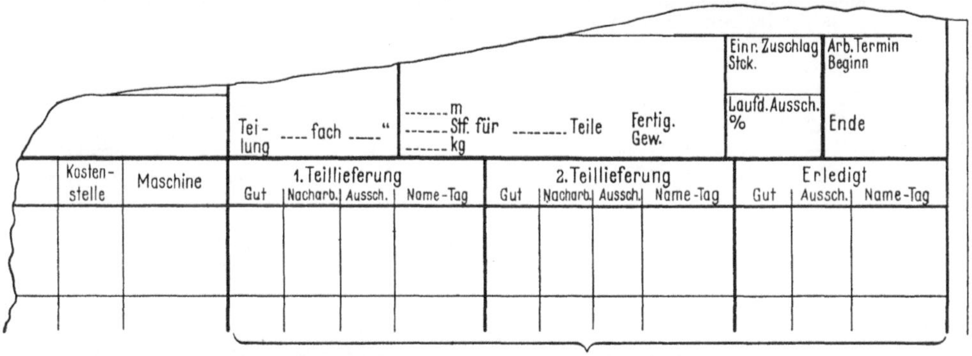

Kosten-stelle	Maschine	1.Teillieferung				2.Teillieferung				Erledigt		
		Gut	Nacharb.	Aussch.	Name-Tag	Gut	Nacharb.	Aussch.	Name-Tag	Gut	Aussch.	Name-Tag

Weitere Kopffelder: Teilung ____ fach ____" · ____ m / ____ Stf. für ____ Teile / ____ kg · Fertig. Gew. · Einr. Zuschlag Stck. / Laufd. Aussch. % · Arb. Termin Beginn / Ende

Abb. 63. Spaltenanordnung in einer Leitkarte, wo in den anderen Formularen sonst die erforderlichen Betriebsmittel aufgeführt sind. Entsprechende Spalten lassen sich auch auf der Rückseite der Formulare anbringen

einzelnen Maschinengruppen unter besonderer Berücksichtigung des schnellen Auffindens bei „Anruf" in Terminfragen. Nach Arbeitserledigung geht die Arbeit mit der Leitkarte an die nächste Meisterei, ebenso der Werkstattauftrag mit den restlichen Akkordscheinen

Besteht zur Steuerung des Fertigungsablaufes eine zentrale Arbeitsverteilung, so wird hier der Werkstattauftrag in Fächern oder Taschen von Maschinengruppe oder Arbeitsplatz zu Arbeitsplatz weiter gesteckt und der Akkordzettel zum Arbeitsplatz geschickt, nachdem oft mit einem gesonderten Schein die Werkzeugbereitstellung veranlaßt wurde. Vereinzelt verzichtet man auf den Werkstattauftrag und steckt nur die Akkordscheine, wobei der Arbeiter mittels Telephon den jeweiligen Auftrag erhält und auf Grund der Arbeitsbegleitkarte die Arbeit ausführt.

Schwierig ist es im praktischen Betrieb, bei dringendem Bedarf einige Werkstücke aus einer größeren Reihe herauszunehmen und vorab fertigstellen zu lassen. Sie bringen bei Vorausleitkarten und -Werkstattaufträgen, die von der Terminstelle gesondert ausgestellt werden, unweigerlich eine gewisse Papierflut, aber sonst verlieren meist Terminstelle und Werkstätte die Übersicht und alles erstickt in Sucharbeiten. Hier ohne völlige Ablehnung solcher Schnellarbeiten und ohne große Zettelwirtschaft dringende Terminwünsche zu erfüllen, erfordert praktische Organisationserfahrung, Betriebskenntnis und Einfühlungsvermögen. Der zeichnerische Ablaufplan hilft auch hier, den formularmäßigen Bestlauf zu finden.

c) Zur Arbeitsvorgabe und -abrechnung dienen Lohn- oder Akkordscheine (Abb 64), mit allen Angaben für die Arbeitsausführung und Platz für: Namen und Nummer des Arbeiters, Arbeitsbeginn und -ende, abgelieferte Gut- und Ausschußzahlen (s. Abb. 30 u. 34). Die *formularmäßige* Ausgestaltung hängt dabei u. a. davon ab, ob Arbeitsbeginn und -ende handschriftlich oder mit Zeitstempler eingetragen werden, welches Vervielfältigungsverfahren zur Anwendung kommt und ob die Arbeiten von einem Mann oder einer Gruppe ausgeführt werden.

Bei *Gruppenakkord* gilt allgemein, daß für jeden Beteiligten sein Akkordrichtsatz verrechnet, dann aber die Differenz (Überverdienst) entsprechend der gearbeiteten Zeit und Lohngruppe aufgeteilt wird.

Sind noch Jugendliche beteiligt und erhalten diese lt. Tarif weniger Lohn, so muß zuerst der Unterschied zwischen dem Akkordrichtsatz des Arbeiters und des Jugendlichen, multipliziert mit der Anzahl der geleisteten Stunden, von dem für die Arbeit auszuzahlenden Betrag abgezogen werden. Die gleichmäßige bzw. proportionale Beteiligung am Mehrverdienst ist nur dann durchführbar, wenn Ausbildung, Einarbeitung, körperliche Eigenschaften und nicht zuletzt der Arbeitswille einigermaßen miteinander vergleichbar sind. Sonst sind die geleisteten Stunden, evtl. Alter und der Leistungsgrad der einzelnen zu berücksichtigen. Als Gruppenakkordkarte kann in der Regel jede Einzelakkordkarte verwendet werden. Kontrollvermerke über Stückzahlen oder gearbeitete Zeiten werden in besonderen Vordrucken oder auf der Rückseite eingetragen.

Besonders durch die Verkettung von mehreren Arbeitsplätzen zu *Fertigungsstrassen* kann die Abrechnung wesentlich vereinfacht und die erforderliche Papierflut an Einzelakkordscheinen je Arbeitsgang eingeschränkt werden. Es genügt dann, nach der abgelieferten guten Stückzahl oder sonstigen Einheit alle beteiligten Arbeitskräfte zu entlohnen.

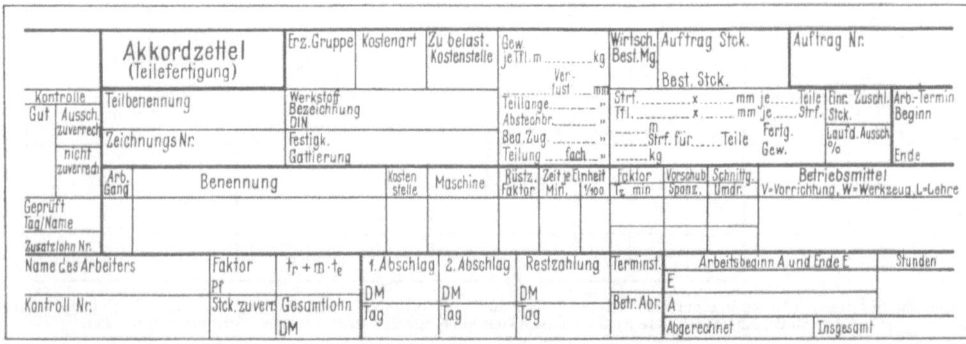

Abb. 64. Akkordzettel für die Verdienstermittlung. Es befinden sich darauf der mit dem ORMIG-Zeilendrucker abgezogene allgemeine Formularkopf und je ein Arbeitsgang, darunter die Spalten für den Namen des Arbeiters (handschriftlich), die Arbeitseintragung oder -einstempelung, Ausrechnung des Akkordes, Abrechnungs- und Auszahlungsvermerke

Gewisse Schwierigkeiten bietet oft die Abrechnung *nicht fertiger* Akkordarbeiten bei größeren Vorgabestückzahlen zu den Abrechnungsterminen. Ist nicht das ganze Auftragslos fertig, so können die tatsächlich fertigen Stücke durch die Kontrolle abgenommen und als Teilabrechnung unter Eintragung in die Akkordzettel bezahlt werden. Nachteilig ist die große Arbeitsstauung zum Lohnschluß, weil alle angefangenen und fertigen Akkordzettel einzusammeln und auszuwerten sind. Besondere Schwierigkeiten tauchen dort auf, wo der Arbeiter einzelne Arbeitsstufen an allen Arbeitsstücken zuerst erledigt aber noch keine tatsächlich arbeitsgangmäßig fertig hat. In diesem Fall wird man die angefangenen Scheine zwar einsammeln, doch die Akkordlöhne nicht errechnen, sondern auf Grund der schon verbrauchten Arbeitszeit nach dem Richtlohnsatz einen Abschlag gewähren, dessen Mindesthöhe vielfach in den Tarifverträgen festgelegt ist. Nach Abschluß der Akkordarbeiten wird endgültig abgerechnet und der Abschlag von der Endsumme abgezogen. Sofern die Scheine über die Betriebsabrechnungsperiode hinauslaufen, müssen für die Abschläge entsprechende Belege ausgeschrieben werden, damit die Summe der von der Kasse ausgezahlten Löhne mit den in der Betriebsabrechnung aufgeteilten übereinstimmt. — Bei Fertigungsstraßen, über die langfristig gleiche Fabrikate laufen, kann man dieser Schwierigkeit dadurch Herr werden, daß man nur die fertigen, von der Kontrolle abgenommenen Teile am Ende der Straße für sämtliche Arbeitsplätze als abgeliefert in die Abrechnung einsetzt. Selbst die Arbeitsplätze am Anfang der Fertigung können danach bezahlt werden, weil sich über den Zeitraum hinweg ein Ausgleich ergibt.

Der *Zusatzlohnzettel* (Abb. 65), meist in roter Farbe, wird ausgestellt, wenn mit den vorgegebenen Akkordzeiten kein Auskommen gefunden wird. Er erfaßt Zuschläge für fehlerhaft angeliefertes Material, nicht bereitgestellte oder betriebsunfähige Betriebsmittel und ähnliches, wobei der Verursacher der Mehrkosten abzuzeichnen hat.

Für Hilfsarbeiten wird der *Hilfslohnzettel* regelmäßig auf Grund der Stechkartenzeiten ausgestellt. Er ist zweckmäßig so gestaltet, daß man die gearbeiteten Stunden nur unter den bereits vorgedruckten Kostenarten einzutragen braucht, wie Löhne für Aufsicht und Wartung, Löhne für Unterhaltung von Grundstücken, Gebäuden, von Werkzeugen, für Nacharbeit, für Urlaub und Inventur oder Überstundenvergütung usw. Fallen die Arbeiten für verschiedene Kostenstellen an, so müssen sie aufgeteilt eingetragen werden, damit man sie im Betriebsabrechnungsbogen richtig auf die Kostenstellen verrechnen kann.

d) Zur Kostenerfassung wird in erster Linie eine Stückliste und von jedem Teil der Fertigung eine Nachkalkulationskarte, ähnlich dem Fertigungsplan, verwendet. Ergänzend gehören hierzu die bereits aufgeführten Teile- und Werkstoffentnahmescheine sowie Lohn- und Akkordkarten. Zur Vereinfachung werden heute vielfach nur die von der Vorkalkulation abweichenden Werte — Ausschuß, Nacharbeit (Zusatzmaterial- und Lohnscheine, Materialrückgaben) — erfaßt und die Material- und Lohnkarten, bei denen keine Abweichung auftritt, nicht mehr nach Kostenträger ausgewertet.

<table>
<tr><td>Zusatzlohnzettel Nr.</td><td colspan="2">Kostenträger (vom Verursacher abzuzeichnen)</td><td colspan="2">Kostenart</td><td colspan="2">Stückzahl</td><td>Auftr. Nr.</td></tr>
<tr><td>Teilbezeichnung</td><td colspan="2"></td><td colspan="2">Zu Arbeitsgang</td><td colspan="3">Grund d. Zusatzlohnes</td></tr>
<tr><td>Zeichnung</td><td colspan="2"></td><td colspan="2"></td><td colspan="3"></td></tr>
<tr><td>Beantrag. Meister</td><td>Geschätzte zusätzt. Arb.Zeit</td><td>Lohngruppe</td><td colspan="2">Genehm. Betriebsltg.</td><td colspan="2">Bei Arbeitszeit von über 5 Std. Kalkulation verständ.</td><td>Wirkliche Arbeitszeit</td></tr>
<tr><td>Name d. Arbeiters</td><td></td><td rowspan="3">Kontrolle</td><td>Gut</td><td rowspan="3">Akk.Verdienst $(t_r + m \cdot t_e) \cdot F$</td><td colspan="2">Auszahlg. DM</td><td>Lohn Woche</td></tr>
<tr><td rowspan="2">Kontroll Nr.</td><td rowspan="2"></td><td>Aussch.</td><td colspan="2">Vorschuß DM</td><td rowspan="2">Zu Akk. Zettel Nr.</td></tr>
<tr><td>Bez. Aussch.</td><td colspan="2">Restzahlg. DM</td></tr>
</table>

Abb. 65. Zusatzlohnzettel, der immer auszufüllen ist, wenn der Arbeiter mit dem vorgegebenen Akkord aus irgend einem Grunde nicht auskommt

IV. Betriebswirtschaftliches Rechnungswesen

Dem Rechnungswesen fällt die Aufgabe zu, Stand und Entwicklungsgang eines Unternehmens darzustellen und den Entwicklungsfortschritt zu messen. Der Aufbau des Rechnungswesens selbst ist durch zwei Einflüsse gekennzeichnet: Einmal durch das *öffentliche Interesse*, die Vorschrift des Handelsrechts [47], daß jeder Kaufmann seine Handelsgeschäfte und die Lage seines Vermögens nach den Grundsätzen ordnungsmäßiger Buchführung ersichtlich machen muß sowie durch das Steuerrecht, das eine verläßliche Aufgliederung der Unkosten aus dieser Buchführung zu erkennen vorschreibt. Weiter in einer gelenkten Wirtschaft durch die Buchhaltungsrichtlinien und Kostenrechnungsgrundsätze [48] zwecks einheitlicher Ausrichtung der Erfassungsmethoden, um Preis- und zwischenbetriebliche Wirtschaftlichkeitsvergleiche durchführen zu können. Zum anderen braucht die *Betriebsleitung* ein Instrument, die Wechselfälle *betrieblichen Geschehens* schnell *zahlenmäßig verfolgen* zu können, nicht nur zur Rechenschaft über die Vergangenheit, sondern darüber hinaus [49] als Unterlagen für die zukünftige Betriebsführung — *Vorschaurechnung* —. Die vier Grundformen des Rechnungswesens sind dabei die Finanz-Buchhaltung (Aufwands- und Ertrags-Zeitrechnung), die Kalkulation (Leistungs-Stückrechnung), die Statistik (Vergleichsrechnung) und die Plan- bzw. Budgetrechnung (Zeitvorschaurechnung).

Für die Durchführung der *Kostenrechnung* gilt zuerst einmal das *Belegprinzip*, d. h. alle verrechneten Kosten müssen durch Belege nachgewiesen werden, und das *Geschlossenheitsprinzip*, d. h. alle verrechneten Kosten und Leistungen müssen in der Finanz- und Betriebsbuchhaltung übereinstimmen. Des weiteren muß eine einheitliche Anwendung des Abrechnungsverfahrens für alle Arten von Aufträgen und eine *Vergleichbarkeit* gegeben sein, d. h. betriebliche Aufwendungen und Erträge, die in unregelmäßiger Zeitfolge in solcher Höhe anfallen, daß sie die Vergleichbarkeit der Kostenrechnung beeinträchtigen, müssen durch eine sich über einen angemessenen Zeitraum erstreckende Ausgleichsrechnung verteilt werden. Nicht zuletzt sollen die Kosten vollständig erfaßt, dürfen aber nur einmal verrechnet werden, und die Kosten des Rechnungswesens selbst sollen nicht höher sein als der Nutzen, den das Rechnungswesen stiftet. Es soll außerdem noch stetig sein, d. h. Abrechnungs-, Zurechnungs- und Bewertungsgrundsätze dürfen nicht ohne triftigen Grund geändert werden. Soll das Rechnungswesen aber wirklich im Dienst der Leistungssteigerung stehen, so muß es weiter seine Ergebnisse zuverlässig, rasch und in einfacher, dem jeweiligem Leserkreis angepaßter Form herausbringen.

Wichtig sind einige Grundbegriffe:

1. *Verbrauch* ist jede Art betrieblichen Güteverzehrs ohne Rücksicht auf Bezahlung, wobei Aufwand als Verbrauch in der Zeiteinheit hauptsächlich ein Ausdruck der Buchhaltung, Kosten dagegen als Verbrauch je Leistungseinheit ein Ausdruck der Kalkulation ist. Kosten teilen sich weiter in unmittelbar verrechenbare oder Einzelkosten, wie Fertigungslohn, Fertigungsmaterial, und mittelbare oder Gemein-, Zuschlags- oder Unkosten. Unter neutralem Aufwand, der in der Buchhaltung erscheint, werden Stiftungen, Ausgaben für Ehrentitel u. dgl., unter Zusatzkosten, soweit diese nur in der Kalkulation erscheinen, z. B. Unternehmerlohn, Zinsen für Eigenkapital usw. verstanden.

2. *Leistung* ist das Ergebnis betrieblicher Tätigkeit oder die Summe der durch betriebliche Arbeit erzeugten Güter.

3. *Erlös* ist ein Entgelt für abgegebene Leistungen, und zwar als leistungsbedingt für Erzeugnisse und Dienstleistungen, als neutral für nicht aus dem Betrieb hervorgebrachte Leistungen, z. B. Erlös aus Effektenverkauf usw.

4. *Ertrag* ist derjenige Produktionswert des Betriebes, dem vonseiten des Marktes der Erlös entspricht; es kann also der Erlös = 0 sein, d. h. es wurde nichts abgesetzt, Erlös = Leistung: alles wurde abgesetzt, Erlös kleiner als Leistung: Ertrag = Erlös zuzüglich nicht verkaufter Leistung, und Erlös größer als Leistung: Ertrag = Erlös abzüglich Leistung aus dem Vormonat.

5. *Erfolg* ist der Unterschied zwischen Ertrag und Aufwand, buchhaltungsmäßig aus dem Gewinn- und Verlustkonto hervorgehend. Als Unternehmenserfolg bezeichnet man dabei den Betriebserfolg zuzüglich neutralem Ertrag und neutralem Aufwand.

A. Geschäfts- oder Finanzbuchhaltung

Als vorgeschriebene betriebliche Grundrechnung zeigt die Geshäfts- oder Finanzbuchhaltung, wie hoch Forderungen und Schulden sind, wie hoch die Anlagenzugänge im Geschäftsjahr waren, welche Umsätze erzielt wurden, und ermöglicht die Darstellung des beim Umsatz des Produktes erzielten Gewinnes. Sie gibt außerdem eine Übersicht über das Verhältnis der flüssigen Mittel zu den Schulden — Liquidität —. Aus der Geschäftsbuchhaltung wird jährlich ein Abschluß in Form einer Bilanz und Gewinn- und Verlustrechnung erstellt, wobei die Bilanz Kapitalgüter — Anlagen, Warenbestände, Forderungen, Kasse usw. — und Kapitalrechte — Eigen- und Fremdkapital — ausweist. Die Gewinn- und Verlustrechnung stellt Aufwände — Löhne, Rohstoffe, Zinsen, Abschreibungen usw. — den Erträgen aus dem Verkauf der Produkte, aus Wertpapieren, Bankguthaben usw. gegenüber.

Da die im Rechnungswesen darzustellenden Vorgänge vielgestaltig sind, legt man einen festen Organisationsplan — Kontenrahmen = systematische Zusammenstellung aller geführten Konten — zugrunde, der praktisch aus dem Inhaltsverzeichnis der kaufmännischen Kontobücher früherer Zeiten entstand. Er ist nach dem Zehnersystem aufgebaut, also in 10 Kontenklassen 0···9 eingeteilt, diese wieder in Kontengruppen, z. B. Kontenklasse 4, Kontengruppe 40 Fertigungs-material, 401 bezogene größere Teile usw. (Tab. 12).

Tabelle 12. *Systematik eines Kontenrahmens der Industrie (Klassen 0 bis 9)*

0: Anlagen- und Kapitalkonten (Grundstücke, Gebäude, Maschinen, Werkzeuge, Betriebs- und Geschäfts-ausstattung, Patente, Beteiligungen, Langfristige Forderungen und Verbindlichkeiten, Kapital- und Rück-lagen, Wertberichtigungen, Rückstellungen, Rechnungs-Abgrenzungsposten).

1: Finanzkonten: Kasse, Wechsel, Scheck- und Wertpapiere, Forderungen, Verbindlichkeiten.

2: Abgrenzungskonten: Betriebsfremde, periodenfremde, außergewöhnliche Aufwendungen und Erträge, sonstige neutrale Aufwendungen und Erträge, kalkulatorische Posten, zeitliche Abgrenzungen.

3: Stoff- und Warenkonten.

4: Kostenartenkonten.

5: Verrechnungskonten (Konten der betrieblichen u. Leistungsabrechnung)

6: Herstellkonten, nach Kostenträgergruppen gegliedert.

7: Halb- und Fertigfabrikate, nach Kostenträgergruppen gegliedert.

8: Selbstkosten- und Umsatzertragskonten.

9: Abschlußkonten: Gewinn- und Verlustrechnung, Bilanzkonten.

Es erscheinen daher in einer Kontenklasse jeweils nur *Bestandskonten* (Klasse 0, 1, 3, 7) oder *Erfolgskonten* (Klasse 2, 4, 8). Eine Sonderstellung nimmt die Klasse 9 ein, die nur *Abschlußkonten* enthält. Weiter ist eine Trennung aller betrieblichen Aufwendungen und Erträge (Klasse 4 und 8) von allen betriebsfremden, neutralen und außerordentlichen Aufwendungen und Erträgen (Klasse 2) durchgeführt. Die Forderung, innerhalb der Buchhaltung ein eigentliches Betriebsergebnis (z. B. Konto 91), getrennt vom Unternehmensergebnis (z. B. Konto 98) auszuweisen, führt zu dem Grundsatz, daß die Konten, welche betriebsbedingte Aufwendungen (Kontenklasse 4) und alle Konten, die betriebsbedingte Erträge (Kontenklasse 8) aufweisen, über Konto 91 „Betriebsergebnis" abzuschließen sind. Der Saldo dieses Kontos weist unter Berücksichtigung der Bestandsänderungen das tatsächliche Betriebsergebnis (Produktionsgewinn — Verlust) aus. Es ist somit unabhängig von betriebsfremden und außerordentlichen Aufwendungen gebildet, die sich erst im Unternehmensergebnis, also dem Gewinn- und Verlustkonto 98 auswirken.

Im Zusammenhang mit der Betriebsabrechnung interessiert noch die Kontenklasse 2 als Übergang von der jährlichen Erfolgsrechnung der Geschäftsbuchführung zur monatlichen Kosten- und Leistungsrechnung der Betriebsbuchhaltung. Sie nimmt alle diejenigen Aufwendungen auf, die nicht als Kostenarten der Klasse 4 oder nicht als Erträge aus der eigent-lichen Unternehmertätigkeit erzielt werden, also nicht der Klasse 8 entstammen. Besonders interessieren hier die aus der zeitlichen Abgrenzung entstandenen Vor- und Nachleistungen der Geschäftsbuchhaltung (Großreparaturen, deren Kosten auf längere Rechnungsperioden zu verteilen sind, Vor- oder Nachzahlungen für Versicherungen, Beiträge, Urlaubslöhne usw.) oder die aus anderer Bewertung von Kostenelementen entstandenen Preisdifferenzen (z. B. Anschaffungswert der Geschäftsbuchhaltung, Tageswert oder Verrechnungspreis der Betriebsbuchhaltung, Unterschiede zwischen wirklichen Gemeinkosten und den lang-fristig festgelegten Normalzuschlägen) und die Aufwendungen, die in der Geschäftsbuch-haltung mit buchmäßigen Werten (Zinsen, Abschreibungen, Wagnisse, Unternehmer-lohn), dagegen in der Betriebsbuchhaltung mit kalkulatorischen Werten eingesetzt werden. Klasse 3 enthält die Stoffkonten, die zweckmäßig weiter in Gruppen unterteilt werden, z. B. Grauguß, Stahl, Halbzeuge, Metalle, Hilfs- und Betriebsstoffe. Auf diese Weise kann leichter zwischen der Lagerbuchhaltung und den Konten der Stoffbestände in der Geschäfts-buchhaltung abgestimmt werden. In Klasse 3 werden die eingekauften Stoffe zu Einkaufs-preisen einschließlich Nebenkosten verbucht, die dem Lager entnommenen Fertigungs-, Hilfs- und Betriebsstoffe auf Grund der Entnahmescheine der entsprechenden Materialgruppe gutgeschrieben und dem zugehörigen Konto in Klasse 4 belastet! Werden wegen großer Schwankungen der Einstandspreise oder einer schwankungsbereinigten Vorschaurechnung die Materialien in der Betriebsbuchhaltung nicht mit den tatsächlichen Preisen, sondern Ver-rechnungspreisen bewertet, so wird das zugehörige Materialkonto der Klasse 3 mit den unter-schiedlichen Einkaufspreisen belastet und für den Verbrauch zum jeweiligen Buchbestands-preis zu Lasten eines Kontos „Preisdifferenzen" in Klasse 2 erkannt. Dieses Konto entlastet sich zu Verrechnungspreisen auf das Materialverbrauchskonto der Klasse 4. Der auf dem Konto „Preisdifferenz" entstehende Saldo wird auf ein einzurichtendes Konto „Verrech-nungsergebnis" in Klasse 9 übertragen. Kann der Verbrauch nicht zum Einstandspreis er-mittelt werden, so ist das Konto der Klasse 3 netto zu belasten und die Einkaufsspesen (Fracht, Rollgeld, u. dgl.) sind als Gemeinkosten in Klasse 4 zu verbuchen.

B. Die Betriebsbuchhaltung [50]

Die Richtlinien für die Kostenrechnung gipfeln in der Forderung nach 3stufiger Rechnung:

Die *Kostenartenrechnung* sammelt die einzelnen Kostenelemente wie Lohn, Material, Abschreibungen der Klasse 4.

Die *Kostenstellenrechnung* zerlegt den Gesamtbetrieb in Zurechnungseinheiten, sie erfaßt die Kosten am Ort ihrer Entstehung und nimmt ihre Umlegung auf nachgelagerte Kostenstellen vor.

Die *Kostenträgerrechnung* verrechnet die Kosten auf Leistungen, sei es absatzfähige oder innerbetriebliche.

33. Die Kostenarten kann man nach funktionalen und nach Verrechnungsgesichtspunkten unterteilen. Nach der *Funktion* gibt es 5 Gruppen: Material-, Arbeits-, Kapitalkosten (Abschreibungen, Zinsen und Kapitalwagnisse), Fremdleistungskosten und Kosten der menschlichen Gesellschaft (Steuern, Abgaben und Zölle). Für die *Verrechnungs*gliederung kommt es darauf an, ob die Kosten den Kostenträgern unmittelbar zugerechnet werden können: *Einzel- und Sondereinzelkosten*, oder nicht: *Gemeinkosten*, die auf den Kostenstellen vorgesammelt und dann durch ein Schlüsselsystem auf die Kostenträger oder Erzeugnisse übertragen werden. Anzustreben ist eine möglichst weitgehende unmittelbare Zurechnung, damit nur ein geringer Teil für die Aufschlüsselung verbleibt.

Für die weitere Unterteilung spielen Art und Größe des Betriebes, Kostenkontrollgründe und wirtschaftliche Erfassungs- und Aufteilungsmomente eine Rolle. Nicht zusammengefaßt sollen solche werden, die sich z. B. bei wechselndem Beschäftigungsgrad verschieden verhalten. So sind *feste* Kosten vom Beschäftigungsgrad ganz oder fast unabhängig (Zinsen, Gebäudeabschreibungen, Gehälter), *bewegliche* Kosten abhängig und zwar ganz oder fast verhältnisgleich fallend oder steigend, z. B. Hilfslöhne für Kontrolle, Oberflächenveredlung, Antriebsstromkosten. Überproportionale (progressive) Kosten steigen stärker als der Beschäftigungsgrad, z. B. Überstunden, unterproportionale (degressive) weniger stark, z. B. Beleuchtung der Werkstatt, Ausgaben für die Angestellten, wenn nicht Neueinstellungen sprunghaft notwendig sind. Auch ob man z. B. Materialien der Oberflächenveredlung, für Härten und Schweißen als Einzel- oder Gemeinkosten verrechnen soll, ob Löhne für Fertigungshilfsarbeiten wie Waschen, Beizen Härten, Vernickeln, Kontrolle unmittelbar oder mittelbar erfaßt werden sollen, bedarf eingehender Prüfung. Allgemein wird aber bei der Massenfertigung die Zurechnung als Einzelkosten leichter durchführbar sein als bei kleineren und stark wechselnden Fertigungsprogrammen.

a) Zu den Einzelkosten zählt man das Fertigungsmaterial, also alle für den Liefergegenstand direkt erfaßbaren Rohstoffe, Halbfabrikate, die auf Grund der Entnahmescheine oder Bestandsrückrechnungen mit dem sogenannten Einstandspreis, d. h. frei Werk, einschl. Verpackung, Fracht bewertet werden. Die Fertigungslöhne (produktiven Löhne) erhält man aus den Akkord- und Lohnscheinen, Sondereinzelkosten der Fertigung treten beispielsweise als Sonderbetriebsmittel wie Modelle, Sonderwerkzeuge oder Montagekosten auf. Weiter zählen hierher Entwicklungs- und Entwurfskosten, Lizenzgebühren; zu den Sonderwerkstoffkosten gehören die fertigbezogenen Zulieferteile. Als wichtige Vertriebseinzelkosten treten Sonderfrachten, Transportversicherungen, Vertreterprovisionen, Umsatzsteuer auf.

b) Die Gemeinkosten werden in den Kontengruppen Hilfslöhne, Gehälter, soziale Aufwendungen, Hilfs- und Betriebsstoffe, Strom, Gas, Wasser, Abschreibungen und Instandsetzungen, Steuern, Gebühren, Beiträge zu Versicherungen sowie Verschiedene Kosten erfaßt. Die Kontengruppe „Verschiedene Kosten" weist noch Untergruppen wie Post- und Reisekosten, Vertreter-, Werbe-, Rechts- und Beratungskosten, allgemeine Lizenz- und Patentkosten, Transportkosten, Miete usw. auf. Im einzelnen sei noch bei der Unterteilung der *Hilfs*stoffe darauf hingewiesen, daß sie in das Erzeugnis übergehen, also z. B. Schweißmittel, Galvanisierungsbäder und Elektroden, Farben und Rostschutzmittel, Kernstützen. *Betriebs*stoffe, wie Kleinwerkzeuge, Werkzeugstähle usw. gehen entweder gar nicht in das Erzeugnis über oder werden wieder von ihm entfernt, wie Form- und Kernsande, Glühmittel. Sie werden auf Grund der Hilfsstoffentnahmescheine erfaßt und direkt der verbrauchenden Kostenstelle zugerechnet. Wertmäßig unbedeutende, wie Formpuder, Kernnägel, Besen, Putzwolle, können sofort auf Grund der Eingangsrechnungen auf Verbrauch gebucht werden, ohne den sonst notwendigen Verwaltungs- und Erfassungsweg durchzumachen, da die Kosten eines Entnahmescheines (Ausschreiben, Verbuchungs- und Bewertungsvorgänge) zwischen DM 0,40 und 0,50 liegen und damit oft höher als die der entnommenen Teile sind. Fremdleistungen in Form von Beratungen und Instandsetzungen als gesonderte Kostenart aufzunehmen, ist immer zweckmäßig, da die Aufnahme der zahlreichen Rechnungen die übrigen Kostenartengruppen stört und auch leichter ein Vergleich der Kosten bei Eigen- und Fremdarbeit für verschiedene Reparaturen ermöglicht wird. Außerdem erstrecken sie sich meist über mehrere Rechnungsabschnitte, so daß eine entsprechende Verteilung notwendig wird. Auch Versicherungsprämien, Steuern und Vertreterprovisionen oder z. B. die Urlaubskosten, die sich auf wenige Sommermonate zusammendrängen, sind abzugrenzen bzw. zu verteilen.

Eine Sonderstellung bei den Gemeinkosten haben die *kalkulatorischen Kostenarten:* Abschreibungen, Zinsen, Wagnisse und Unternehmerlohn. Die kalkulatorischen Abschreibungen entsprechen der verbrauchsbedingten tatsächlichen Wertminderung der betriebsnotwendigen Anlagen und sind zum Zwecke der richtigen Kostenrechnung ebenso wie Zinsen, Wagnisse und Unternehmerlohn in die Gemeinkosten zu übernehmen.

Ganz verschieden davon sind die *buchhalterischen Abschreibungen* der Handelsbilanz, die in ihrer Höhe vielfach durch den jeweiligen Geschäftsertrag bestimmt sind: Schaffung offener oder stiller Reserven durch höher als verbrauchsbedingte Abschreibungen in guten Geschäftsjahren. Auflösung der Reserven durch niedrigere oder gar keine Abschreibungen in Jahren schlechten Geschäftsganges, um Verluste aus Unterbeschäftigung oder Kampfpreisen zu decken; auch steuerliche Erwägungen können hier eine Verlagerung von Kosten in falsche Rechnungsabschnitte bringen, wie z. B. die Abschreibungsmöglichkeit für „Kurzlebige Wirtschaftsgüter" im Anschaffungsjahr, obwohl sie über das Anschaffungsjahr hinaus im Betriebe genutzt werden. Den Bemühungen bei den Abschreibungen in der Handelsbilanz, im gesunden Streben nach organisatorischer Weiterentwicklung [d. h. nach entwicklungsmäßiger Ausweitung der technischen und wirtschaftlichen Leistungsfähigkeit des Betriebes entsprechend der Weiterentwicklung des Absatzmarktes und der Produktionsmethoden (volkswirtschaftliche Dynamik) über die reine Erneuerung hinaus] Mittel für den Betrieb anzusammeln, muß aber auch bei den Abschreibungen für die Preisbildung Rechnung getragen werden.

Ausgangspunkt ist bei den *kalkulatorischen Abschreibungen* grundsätzlich der Anschaffungspreis, das ist bei vom Markt bezogenen Anlagen der Einstandspreis = Einkaufspreis plus Bezugsspesen nebst Fundamentierungs- und Aufstellkosten. Werden Maschinen oder sonstige Anlagegüter im eigenen Betrieb hergestellt und sind die Herstellkosten brancheüblich, so sind statt des Einstandspreises die tatsächlichen Einzelkosten zuzüglich aller Zuschläge mit Ausnahme der Vertriebskosten einzusetzen, wobei, soweit die Anschaffungskosten einzelner Gegenstände vom Markt oder eigenen Betrieb den Betrag von derzeit DM 200···600 nicht überschreiten, diese im Jahre der Anschaffung voll als Abschreibung in die Kosten übernommen werden, wenn der Gesamtbetrag dieser Abschreibungen im Rahmen der Gemeinkosten nicht von erh blicher Bedeutung ist. Können die Werte für die Anschaffung größerer Objekte nicht direkt beschafft werden, wird man den Anschaffungswert und die Gesamtnutzungsdauer schätzen und dann unter Berücksichtigung der bisherigen Nutzung den augenblicklichen Wert ermitteln.

Für die ermittelten Werte sollen *Anlagekarteien* geführt werden: am besten sind die AWF-Maschinenkostenkarten geeignet, in denen neben den wichtigsten technischen Angaben der Ausgangswert festzuhalten und Aufzeichnungen über den Verlauf der Abschreibungen zu machen sind, wobei nach buchmäßigen und kalkulatorischen zu trennen ist. Inwieweit die Wertminderung der Anlagen mit gleichbleibenden Abschreibungsbeträgen (— lineare — Abschreibung vom Anschaffungswert) oder mit fallenden (— degressive — Abschreibung vom jeweiligen verbliebenem Buchwert) rechnen soll, hängt von verschiedenen Umständen ab; der erste Fall bildet die Regel. Die Abschreibungsbeträge ergeben sich durch Division des Anschaffungswertes durch die für die Anlage geltende Nutzungszeit, wobei diese Abschreibungsbeträge in der Regel in den einzelnen Rechnungsabschnitten gleichmäßig in die Kostenrechnung übernommen werden und so zu fixen, von der Beschäftigung unabhängigen Kosten werden. Eine Ausnahme bilden allerdings die Abschreibungen für Werkzeugmaschinen, die entsprechend ihrer Nutzungszeit „leistungsbezogen" abgeschrieben werden, z. B. bei 2 oder 3 Schichtbetrieb. Die technische Nutzungsdauer hängt dabei von der Inanspruchnahme und dem Maß der Wartung ab. Im Gegensatz hierzu können auch wirtschaftliche Verhältnisse für die Bemessung von Einfluß sein, wie beispielsweise, wenn bei Betrieben mit einem festen Erzeugungsprogramm die Anlagen nach einem bestimmten Zeitabschnitt ersetzt werden, oder Maschinen infolge technischer Entwicklung oder Erfindungen schneller veralten bzw.

Veränderungen in der Marktlage eintreten usw. Für Maschinen ermittelt sich der monatlich zu verrechnende Abschreibungssatz aus

$$\frac{\text{Anschaffungswert} - \text{Schrottwert}}{\text{Gesamtnutzungsdauer in Stunden}} \times \text{monatliche Laufzeit in Stunden.}$$

Für voll kalkulatorisch abgeschriebene Anlagen sollen keine weiteren Abschreibungen verrechnet werden. Auf Grund der kostenstellenmäßig sortierten Anlagekarten werden die ermittelten Abschreibungssätze in den Betriebsabrechnungsbogen übernommen.

Zur Berechnung der *kalkulatorischen Zinsen* dient das betriebsnotwendige Kapital.

Die *kalkulatorischen Wagnisse* dienen dazu, Schwankungen aus der Kostenrechnung herauszuhalten. Zu den Wagnissen gehören Verluste in den Material- und Fabrikatelagern infolge Schwund, Veralterung, Senkung des Lagerpreises, besondere Schäden an Anlagegütern, Mehrausschuß, fehlgeschlagene Entwicklungsarbeiten, Währungsverluste.

Bei Einzelkaufleuten und Personengesellschaften ist als Entgelt für die Arbeit der im Betriebe ohne feste Entlohnung tätigen Unternehmer ein *kalkulatorischer Unternehmerlohn* in der Kostenrechnung zu berücksichtigen. Er entspricht der Gehaltshöhe eines leitenden Angestellten mit gleichwertiger Tätigkeit in einem gleichartigen Unternehmen. Er ist nicht mit dem Unternehmergewinn zu verwechseln (vgl. Abschn. 17).

34. Kostenstellen sind Orte der Kostenentstehung, die überhaupt erst die Zurechnung der Gemeinkosten auf die Kostenträger (kalkulatorischer Zweck) ermöglichen. Die Kostenstelle stellt außerdem einen innerbetrieblichen Teilverantwortungsbereich des oft unübersehbaren Betriebsganzen dar (Kontrollzweck). Entsprechend den Grundfunktionen im Betriebe unterscheidet man fünf Tätigkeitsbereiche: den allgemeinen Bereich, den Material-, Fertigungs-, Verwaltungs- und Vertriebsbereich. Die Verteilung der Kostenarten auf die Kostenstellen erfolgt, wie schon erwähnt, unmittelbar auf Grund von Material- und Lohnbelegen, Gehaltslisten, mittelbar für Abschreibungen und Zinsen nach den in den Kostenstellen gebundenen Kapitelbeträgen, für Versicherungen nach Bemessungsgrundlagen usw. Je feiner der Betrieb in Unterfunktionen — Kostenstellen — unterteilt wird (möglichst Fertigungsanlagen mit gleicher Kostenstruktur), um so mehr Kostenarten können ohne Schlüssel unmittelbar zugerechnet werden. Als weitere Verfeinerungen ergibt sich die Platzkostenrechnung, in der besonders wichtige und aus dem Rahmen fallende Maschinen oder Maschinen-Fließstraßen, Bandmontagen usw. verselbständigt werden. In diesen Fällen faßt man auch Maschinen und Betriebsmittel zusammen, wenn sie Betriebskosten unterschiedlicher Höhe verursachen.

a) Der **allgemeine Bereich** umfaßt alle diejenigen Kostenstellen, die dem ganzen Unternehmen dienen, z. B. Grundstücke, Gebäude, Kraftanlagen, Wohlfahrtseinrichtungen usw., und nimmt alle diejenigen Kosten auf, die nicht unmittelbar einer oder mehreren Kostenstellen zugerechnet werden können, weil sie für viele gemeinsame entstehen. Es werden also z. B. Löhne für Pförtner, Reinigungspersonal, Reparaturen und Grundsteuern auf der Kostenstelle „Grundstücke und Gebäude" gesammelt.

b) Zum **Materialbereich** gehören die Beschaffung, Warenübernahme und Eingangsprüfung, Ausgabe, Materialbuchhaltung sowie der Materialtransport.

c) Der **Fertigungsbereich** umfaßt die Fertigungshaupt- und -hilfsstellen. Fertigungshilfsstellen sind nur unmittelbar an der Fertigung beteiligt: Technische Betriebsleitung, Arbeitsvorbereitung, Lohnbüro, Lehrlingswerkstatt, kleinere Reparaturabteilungen und, soweit nicht eine eigene Konstruktions- und Entwicklungskostenstelle gebildet wird, das Konstruktionsbüro. In den Fertigungshauptstellen wird das eigentliche Erzeugnis hergestellt, z. B. Gießerei, mechanische Werkstatt, Zusammenbau usw. In größeren Unternehmungen wird man weitere Unterteilungen vornehmen, wobei für die Aufteilung zahlreiche Faktoren eine Rolle spielen, sei es die Größenordnung der Räume, die Art der Produktion, die Aufteilung der Verantwortungsbereiche. Wesentlich bleibt, daß die Zusammenfassung nicht allein auf die innerbetrieblichen Standortsverhältnisse Rücksicht nimmt, sondern vor allem auf die Art des Kostenanfalles, wie Hand- und Maschinenarbeit, einfache Maschinen, Automaten, Fließstraßen.

d) Zum **Verwaltungsbereich** gehören allgemein Geschäftsleitung, Buchführung, Kasse Statistik, wobei die Aufteilung meist nur aus Gründen der Kostenkontrolle nötig ist.

Lfd. Nr.	Kostenarten ↓	Konten (Gruppe)	Zahlen der Buchhaltung	Kostenstellen → / Verteilung (Schlüssel) ↓	Allgemein Grundstücke Gebäude Wohlfahrt		
				Kopfzahl	2	—	
				Raumfläche m²	131	—	
				Nr. →	1		
					111	112	2
1	Fertigungsmaterial	40	565 000	Materialscheine	—	—	
2	Fertigungslöhne	41	243 000	Lohnzettel	—	—	
3	Gemeinkostenlöhne	412	69 900	Lohnzettel	1 500	—	
4	Gehälter	42	150 000	Gehaltsliste	—	—	
5	Soziale Aufwendungen . . .	43	87 950	proportional	1 389	—	
6	Gemeinkostenmaterial . . .	44	116 200	Materialscheine	20 600	—	
7	Steuern	45	34 027	direkt u. Schlüs.	2 525	—	
8	Versicherung, Beratung, Sonst	460	5 333	,, ,, ,,	133	—	
9	Werbung, Post, Reisespesen .	461	41 000	,, ,, ,,	—	—	
10	Fremdleistung	462	31 000	direkt	14 000	—	
11	Kalukulatorische Kosten . .	48	66 100	Invest-Werte, Schlüssel, direkt	8 100	—	
12							
13	Summe (3 bis 12)	—	601 510	—	48 247	—	
14	Umlage der					→	
15	Allgem. Stellen					→	
16	Umlage der Materialstellen ——→						
17	Material-Gemeinkosten						
18	Material-Gemeinkosten-Zuschlag $\frac{1}{1}$						
19	Summe						
20	U						
21	g						
22	Fe						
23	Fe						
24	Fe						
25	Fe						
26	V						
27	Pr						
28	Ge						
29	Ü						

Gesamtabrechnung

Lfd. Nr.	Kosten	DM	%
30	Fertigungsmaterial	565 000	
31	Material-Gemeinkosten . .	35 742	6,3
32	Fertigungslöhne	243 000	
33	Fertigungs-Gemeinkosten .	381 331	157
34	Herstellkosten	1 225 073	
35	Verwaltungs-Gemeinkosten	72 150	5,9
36	Vertriebs-Gemeinkosten . .	112 287	9,2
37			

Abb. 66. Betriebsabrechnungsbogen (erweiterungsfähig) für die Berechnung des
Bestimmung der Über- oder Unterdeckung gegen

Pristl, Arbeitsvorbereitung II, 4. Aufl.

Fertigungshilfsstellen Betr.-Ltg. Arbeitsvorber.	Werkzeugmacher Reparat.	Fertigungshauptstellen A	B	C	D	Summe Fertigungshauptstellen	Ver-waltung	Vertrieb
13	5	50	84	8	—	142	14	5
100	200	2000	3000	500	—	5500	100	510
3						—	4	5
311	312	321	322	323	324	—	410	510
—	—	—	—	—	—	—	—	—
—	—	85 000	152 000	6000	—	243 000	—	—
5 000	6 000	18 000	22 000	5 000	—	45 000	7 000	1 400
27 000	4 000	4 500	5 000	6 500	—	16 000	35 000	53 000
2 950	3 878	49 800	16 471	1 612	—	67 883	3 890	6 200
1 200	15 200	44 600	18 500	9 000	—	72 100	1 800	2 650
1 115	350	7 550	2 100	9 885	—	19 535	7 470	2 380
—	—	1 620	1 000	180	—	2 800		
1 000	—	—	—	—	—	—	8 000	29 000
—	—	9 500	4 000	500	—	14 000	1 000	1 000
4 000	4 000	18 000	5 000	2 000	—	25 000	6 600	15 200
42 265	33 428	153 570	74 071	34 677	—	262 318	70 760	110 830
2 207	1 415	15 070	22 318	2 310	—	39 698	1 390	1 457
—	—	—	—	—	—	—	—	—
—	—	—	—	—	—	—	—	—
44 472	34 843	168 640	96 389	36 987	—	302 016	72 150	112 287

	A	B	C	D	Summe
erti-⟶	18 194	23 493	2 785	—	44 472
ellen ⟶	28 000	3 000	3 843	—	34 843
emeinkosten	214 834	122 882	43 615	—	381 331
ane (Zeile 2)	85 000	152 000	6 000	—	243 000
uschlag %	252	80	726	—	157
sten (22 + 23)	299 834	274 882	49 615	—	624 331
tunden				—	
osten				—	
schlag „Soll"	240	90	700	—	
nterdeckung	—10 834	+13 918	—1 615	—	+1 469

nzuschlages auf den Fertigungslohn und die Fertigungsmaterialien (Beispiel).

standard festgelegten Sollgemeinkostenzuschlägen

e) Zum **Vertriebsbereich** gehören dann noch die Verkaufsabteilung, Werbe- und Rechnungsstelle, Fertigerzeugnis- und Ersatzteillager, Packerei und Versand.

35. Kostenträger sind absatzfähige Erzeugnisse und innerbetriebliche Leistungen, die Kosten zu tragen haben. In Betrieben mit einheitlicher Massenfertigung *eines* Erzeugnisses entfallen alle Kosten des Zeitabschnittes auf die Gesamtproduktion einer Rechnungsperiode als Kostenträger. Man teilt die Gesamtkosten durch die Gesamtleistung. Bei gleichzeitiger oder ständig wiederkehrender Herstellung *mehrerer* Erzeugnisse treten als Kostenträger die einzelnen oder in Gruppen zusammengefaßten Erzeugnisarten, Sorten, in Erscheinung. Werden in einem Betrieb mehrere und unter sich ganz verschiedene Erzeugnisse gefertigt, so sind die aufeinanderfolgenden Aufträge absatzfähiger, inner- oder zwischenbetrieblicher Natur Kostenträger. Grundlage für die Kostenträgerrechnung ist der Betriebsabrechnungsbogen, wobei die Kosten je Träger durch Zuschlagkalkulation ermittelt werden.

Bei der Trägerrechnung sind nur die Kosten zuzurechnen, die die an Kunden verkaufte oder die für den innerbetrieblichen Bedarf aufgewendete Leistung verursacht hat. Handelt es sich um sogenannte zu *aktivierende* innerbetriebliche Leistungen, also z. B. um dem Anlagenwert zuzuschreibende Großreparaturen oder neue Anlagen, so erhalten diese wie Kundenaufträge eine Auftragsnummer, werden als Kostenträger abgerechnet und in den folgenden Perioden der Nutzung abgeschrieben, also über Abschreibung auf die Kundenaufträge verrechnet. *Nicht aktivierbar* nennt man solche Innenleistungen, die in demselben Abrechnungszeitraum, in welchen sie erstellt sind, auch für die Kundenleistung verbraucht werden, wie z. B. kleine Reparaturen und allgemeine Instandhaltung, Werkzeuge, Innentransporte usw. Am einfachsten ist die Verrechnung, wenn die leistende Stelle eine Hilfskostenstelle und die Leistung in sich abgeschlossen ist, also die Kosten je Einheit durch Teilen ermittelt und der verbrauchenden Stelle unmittelbar zugerechnet werden können. Ist die Kalkulation der Einzelleistung der Hilfskostenstelle nicht möglich, z. B. Betriebsbüro, so muß summarisch nach Schlüsseln, etwa Kopfzahl, Löhne usw. verrechnet werden.

36. Der Betriebsabrechnungsbogen (Abb. 66 auf Tafel) ergibt die Unterlagen für die Stückrechnung und überprüft laufend die Kalkulationssätze, Arbeits- oder Maschinenstundenkosten (mittelbare Nachkalkulation), die Gemeinkostenzuschläge auf den Fertigungslohn oder die Kosten je Mengeneinheit (unmittelbarer Einbau der Nachkalkulation in der Massenfertigung). Er liefert weiter Vergleichszahlen über die Ergebnisse der Kostenstellen und letzten Endes Bewertungsunterlagen für die Bestandsrechnung nach den allgemeinen Bilanzierungs- und steuerrechtlichen Vorschriften.

Der Bogen ist meist so angeordnet, daß in den Senkrechtspalten die Kostenstellen, in den waagerechten Zeilen die Kostenarten angeführt sind. Wird mit Buchungsmaschinen geschrieben, so ist die umgekehrte Anordnung von Vorteil, weil dann die vorhandenen Unterlagen zeilenweise abgeschrieben und die Saldierwerke der Maschine am Ende der Zeile die Summe der Kostenarten einer Kostenstelle angeben und damit eine Schreibfehlerkontrolle ermöglichen. Auch kann man dann den Bogen mittels einer Umdruckmaschine zeilenweise umdrucken und diese Streifen der jeweiligen zuständigen Kostenstelle zum Aufkleben auf eine Kostenvergleichskarte zustellen.

Der Bogen kann auf verschiedene Art aufgestellt werden, muß jedoch immer mit den Daten der Finanz-Buchhaltung übereinstimmen. In Klein- und Mittelbetrieben wendet man das beweglichere statistische Verfahren an, bei dem nur die Salden der Konten der Klasse 4 ohne Gegenbuchung in den Bogen eingesetzt werden und die Betriebsabrechnung unabhängig von den laufenden Buchungsarbeiten erfolgen kann. Ein summarischer Ausweis auch der kalkulatorischen Kosten in der Buchhaltung ist notwendig, weil diese auch beim Nachweis des spezifischen Betriebsergebnisses dort selbst Berücksichtigung finden sollen. Der Einbau der

Betriebsabrechnung in die Buchhaltung selbst kann verschieden erfolgen, ist aber auch dann umständlich, wenn Kostenstellengruppen kontenmäßig zusammengefaßt werden.

Nachdem die Beträge der Kostenarten-Stellenrechnung in den Betriebsabrechnungsbogen übernommen sind, werden die allgemeinen Kosten und die Kosten der Material- und Fertigungshilfsstellen auf die sonstigen Kostenstellen verteilt (umgelegt, aufgelöst). Das geschieht auf Grund von Mengen-, Wert- oder Zeitschlüsseln, z. B. Grundstücke und Gebäude nach genutzter Fläche, Kraftanlagen nach verbrauchten kWh, Kesselhaus nach verbrauchtem Dampf in t, Wohlfahrtseinrichtungen nach der Kopfzahl. Zur Ermittlung des Materialgemeinkostenzuschlags werden die Materialgemeinkosten durch die Gesamtmaterialkosten geteilt (z. B. in Abb. 66, lfd. Nr. 18 = 6,3%):

$$\frac{\text{Materialgemeinkosten} \times 100}{\text{Fertigungsmaterial}} = \text{Materialgemeinkostenzuschlag in \%}.$$

Die schlüsselmäßige Umlage der Fertigungshilfsstellen auf die Fertigungshauptstellen führt zur Summe der Fertigungsgemeinkosten dieser Stellen.

Praktische Schwierigkeiten bei der Hilfsstellenumlage bestehen im Betriebsabrechnungsbogen dann, wenn die allgemeinen Kostenstellen tiefer gegliedert sind, und z. B. eine Kostenstelle „Kesselhaus" die Kostenstelle „Kraftzentrale" mit Dampf versorgt, die Kraftzentrale anderseits aber das Kesselhaus mit Strom, Licht usw. beliefert. Steht die Kostenstelle Kesselhaus vor der Kraftzentrale, so kann die Kraftzentrale zwar bei der Auflösung mit den anteiligen Kosten des Kesselhauses belastet werden; eine umgekehrte Belastung erscheint aber nicht mehr möglich. Steht die Kraftzentrale vor dem Kesselhaus, liegen die Verhältnisse entgegengesetzt. Soweit die leistende Stelle Hauptkostenstelle ist oder sowohl Innen- wie Kundenaufträge ausführt, z. B. ein eigener Werkzeugbau, also auch eine Umlage nicht möglich ist, bzw. die Inanspruchnahme durch die einzelnen Kostenstellen (Werksabteilungen) stark unterschiedlich ist, müssen die Einzelkosten der innerbetrieblichen Leistungen der nutznießenden Kostenstelle direkt als Gemeinkosten angelastet, die auf sie entfallenden Gemeinkosten der leistenden Stellen diesen gutgeschrieben und den empfangenden belastet werden. Erfolgt diese folgerichtige, aber umständliche Verrechnung nach dem sogenannten Stellenausgleich nicht, so ergibt sich dadurch, daß in der ausführenden Kostenstelle bei voll entstehenden Gemeinkosten der produktive Lohn durch die Anlastung als Gemeinkosten der nutznießenden Kostenstelle klein bleibt, rechnungsmäßig ein unverhältnismäßig hoher Gemeinkostensatz. Nehmen die innerbetrieblichen Leistungen einen erheblichen Umfang an, muß trotz Rücksicht auf die Wirtschaftlichkeit des Rechnungswesens nach genauer Abwägung aller Vor- und Nachteile der Auftrag auch hier wie ein gewöhnlicher Kundenauftrag vorgegeben, mit den anteiligen Fertigungs- und Verwaltungsgemeinkosten (aber nicht Vertriebsgemeinkosten) belastet und als Fremdleistung der empfangenden Kostenstelle angelastet werden. Da diese innerbetrieblichen Leistungen dann einem Ertragskonto gutzubringen sind, scheiden sie damit aus dem Rahmen der Gemeinkosten aus.

Zwecks Berechnung der Zuschläge kann man die Gemeinkosten zu geeigneten Maßgrößen des gleichen Abrechnungszeitraumes ins Verhältnis setzen, z. B. zu den Fertigungslöhnen, heute besser zu den Fertigungszeiten, Fertigungsmaterialkosten, Fertigungs- und Herstellkosten, oder zu Maßmengen, wie z. B. Fertigungsstunden, Maschinenstunden, Fertigungsmaterialgewichte, Gewichte des Ausbringens usw. In Abb. 66 wird z. B. unter lfd. Nr. 22···24 für die Summenspalte der Fertigungsgemeinkostenzuschlag zu 157% ermittelt:

$$\frac{\text{Fertigungsgemeinkosten} \times 100}{\text{Fertigungslöhne}} = \text{Fertigungsgemeinkostenzuschlag in \%}.$$

Die Kosten der Verwaltungs- und Vertriebsstellen werden als Verwaltungs- und Vertriebsgemeinkostenzuschlag dort auf die Fertigungskosten verrechnet, wo vielseitige Erzeugungsprogramme mit stark wechselndem Materialverbrauch je Erzeugnis vorherrschen, dagegen auf die Herstellkosten (Material + Materialgemeinkosten + Fertigungslöhne + Fertigungsgemeinkosten) dort, wo die Fertigungs-

und Materialkosten ungefähr im gleichen Verhältnis sowohl insgesamt als auch für das einzelne Erzeugnis anfallen:

$$\frac{\text{Verwaltungskosten} \times 100}{\text{Herstellkosten}} = \text{Verwaltungsgemeinkostenzuschlag in \%}.$$

Eigentlich ist bei den Verwaltungs- und Vertriebskostenzuschlägen noch zu beachten, daß als Bezugsgröße nicht, obwohl allgemein üblich, die Herstellkosten aller Erzeugnisse des Errechnungszeitraumes gelten, sondern nur die der tatsächlich verkauften und fakturierten Leistungen, da nur sie Kosten tragen können.

Bei der zweiten Stufe der Kostenauswertung, der Vergleichsrechnung, ist zu beachten, daß das Verhältnis der Gemeinkosten zu den Fertigungslöhnen grundsätzlich nicht die wichtigste Kennzahl ist, sondern dasjenige zu der erbrachten *Leistung*. So kann z. B. durch Rationalisierung in der Gießerei der Lohn fallen, die Fertigungsgemeinkosten können durch erhöhten Anteil an Vorrichtungen, Überwachung usw. sogar steigen, der Bogen weist also ungünstigere Zahlen aus, obwohl der Kostenstellenleiter das Beste wollte und auch an Stückzahl oder Gewicht eine Leistungssteigerung erzielte. Dasselbe gilt für die Dreherei oder Montage.

Beim Zeitvergleich ermöglicht der Bogen durch Gegenüberstellung der derzeitigen Istkosten mit denen des Vorjahres oder Vormonates eine Auswertung im Sinne der Betriebspolitik. Es darf aber nicht allein der Prozentsatzunterschied berücksichtigt werden (z. B. ist es uninteressant, daß bei DM 500 Fertigungslohn einer kleinen Kostenstelle gegenüber dem Soll von 100% vielleicht 110% Gemeinkosten anfielen), sondern es ist die Über- oder Unterdeckung in DM ausschlaggebend. Außerdem bilden die Istwerte vergangener Perioden keinen absoluten Maßstab; man benutzt Normalkosten, die maßstäblich für eine wirtschaftliche Kostengebarung sind. Man kommt so zur Plankostenrechnung.

C. Kalkulation [51]

Als Leistungsrechnung dient die Kalkulation einmal der Preisfestsetzung, also der Ermittlung des Angebotspreises auf Grund der voraussichtlich entstehenden Kosten (Vorkalkulation), die wiederum durch die tatsächlich entstandenen Kosten (Nachkalkulation) kontrolliert werden. Dabei kann es sich bei Massenerzeugnissen um die Kosten der Leistungseinheit, bei Einzel- oder kleiner Reihenfertigung um die Kosten je Auftrag handeln. Darüber hinaus ist die Kalkulation unerläßlich zur Betriebskontrolle im Hinblick auf den Einfluß des Beschäftigungsgrades, der Fertigungsverfahren und Fertigungsarten, des Betriebsstandortes usw., innerbetrieblich und zwischenbetrieblich. Dabei unterscheidet man verfahrensmäßig zwischen der Divisions- und Zuschlagskalkulation.

37. Die Divisionskalkulation setzt voraus, daß im Betrieb oder unterteilt in einer Kostenstelle nur ein Erzeugnis (Massenteile oder in Hilfsbetrieben Strom, Gas, Preßluft) oder zumindest innerlich verwandte Erzeugnisse hergestellt werden. Bei der Vorkalkulation werden hier die voraussichtlichen Aufwendungen eines Monats durch die voraussichtliche Erzeugungsmenge geteilt, bei der Nachkalkulation die tatsächlich entstandenen Kosten durch die erzeugte Leistungsmenge.

Eine Abart der Divisionskalkulation bildet bei mehreren Erzeugnissen mit verwandtem Kostengefüge die Äquivalenzziffernrechnung oder Sortenrechnung. *Beispiel:* Ein Unternehmen stellt drei verschiedene Erzeugnisse her, deren Kosten sich nach Erfahrung oder Untersuchung wie 1:1,5:2 verhalten; man kann nun die Stückkosten mit Hilfe dieser Kostenfaktoren über die erzeugten Mengen errechnen, wenn z. B. der Monatsaufwand DM 47500 beträgt und sich die Rechnungseinheit mit 47500:47,5 = DM 1000 ergibt:

Erzeug-nis	Kosten-faktor	Erzeugte Menge	Verrechnete Menge	Gesamtkosten	Stückkosten
I	1	5	$1 \times 5 = 5$	$5 \times 1000 = 5\,000$	$5000 : 5 = 1000$
II	1,5	15	$1,5 \times 15 = 22,5$	$22,5 \times 1000 = 22500$	$22500 : 15 = 1500$
III	2,0	10	$2 \times 10 = 20$	$20 \times 1000 = 20000$	$2000 : 10 = 2000$
			47,5	47500	

38. Die Zuschlagskalkulation ermöglicht die genaue Kostenzurechnung auch dann, wenn in einem Betrieb oder einer Kostenstelle verschiedenartige Erzeugnisse hergestellt und dabei die Kosten in Einzelkosten (Fertigungsmaterial, Fertigungslöhne, Sondereinzelkosten) und Gemeinkosten getrennt werden. Die Einzelkosten werden den Kostenträgern oder Betriebsaufträgen unmittelbar zugerechnet, die Gemeinkosten lassen sich nur zuschlagsmäßig verteilen. Für die Vorkalkulation ist der Gang dann so, daß das Fertigungsmaterial auf Grund von Zeichnungen und Stücklisten bestimmt und bewertet wird, während die Fertigungszeit und damit die Fertigungslöhne entweder auf Grund früherer Fertigungsunterlagen entnommen oder geschätzt oder nach Refa ermittelt werden. Schwieriger ist eine Vorkalkulation der Gemeinkosten, weil sie erst dann erfolgen kann, wenn das Rechnungswesen bereits soweit entwickelt ist, daß Auswirkungen des Beschäftigungsgrades usw. klar hervortreten. In der Nachkalkulation wird der Istverbrauch durch die Sammlung der Material- und Lohnbelege nach Auftragsnummern durchgeführt. Zu beachten ist, daß die vereinfachte Zuschlagskalkulation in Form eines einzigen Prozentsatzes besonders dann ein falsches Bild ergibt, wenn die Erzeugnisse verschiedene Beanspruchungen mehrerer Kostenstellen (z. B. Hand- und Maschinenarbeit) bedingen. In solchen Fällen muß zumindest zwischen Zuschlägen für Hand- und Maschinenwerkstätten unterschieden werden, wie die Tab. 13 zeigt. Sind Werkstätten so unorganisch aufgebaut, daß selbst diese Teilbetriebe nicht als Einheit angesehen werden können, dann muß man unter Umständen den Betrieb kalkulatorisch in einzelne Arbeitsplätze auflösen, d. h. es sind soweit als möglich alle Gemeinkosten auf jeden Arbeitsplatz umzulegen, und die Endsumme, dividiert durch die Ausnutzungszeit der Maschine, ergibt die Stundenkosten. Dieses Verfahren ist das genaueste und gewinnt immer größere Bedeutung. Aus dem Verhältnis $\dfrac{\text{Maschinenkosten (DM)}}{\text{Maschinenlaufzeit (Std)}}$ werden nahezu die Hälfte der Fertigungsgemeinkosten dem Erzeugnissen-Kostenträger zugerechnet. Auch können die Kostenfaktoren, wie Abschreibung, Zinsen, Energiekosten, Instandhaltungs- und Raumkosten je Maschine, Arbeitsplatz, Fertigungsstraße usw. systematisch beobachtet werden.

Tabelle 13. Vorkalkulationsschema

1. Fertigungsmaterial abzüglich Gutschrift für Reststoffe . .	100,— DM	
2. Materialkostengemeinzuschlag 10%	10,— „	
3. Materialkosten (1 + 2)	110,— DM	110,— DM
4. Fertigungslohn für Maschinenarbeit	50,— „	
5. Gemeinkostenzuschlag für Maschinenarbeit 200%	100,— „	
6. Fertigungslohn für Handarbeit	200,— „	
7. Gemeinkosten für Handarbeit (Zuschlag 50% zu 6)	100,— „	
8. Fertigungskosten (4 + 5 + 6 + 7)	450,— DM	450,— DM
9. Herstellkosten (3 + 8)		560,— DM
10. Verwaltungs- u. Vertriebsgemeinkosten (10% zu 9)		56,— DM
11. Selbstkosten (9 + 10)		616,— DM
12. Sonderkosten		50,— DM
13. Gewinnzuschlag auf (11)		
14. Umsatzsteuer auf (11, 12, 13)		
15. Angebotspreis		

Besondere Bedeutung erhält die Kalkulation noch in Zeiten, wenn Preise und Löhne in Bewegung geraten sind und in der Preiskalkulation nicht mit den wirklich verauslagten und in den Büchern festgelegten Vergangenheitspreisen gerechnet werden kann, sondern die *Wiederbeschaffungspreise* für Arbeitsleistungen, Rohstoffe und andere Kostengüter einzusetzen sind, damit eine volle Betriebserhaltung gewährleistet ist. Genau so wichtig ist es in Zeiten scharfen Wettbewerbs, die Untergrenze des *annehmbaren Preises* mit Hilfe der Grenzkostenkalkulation zu bestimmen. Die Anwendung setzt voraus, daß man die Abhängigkeit der einzelnen Kostenarten vom Beschäftigungsgrad kennt [52]. Ähnliche Überlegungen gelten oft auch bei der Entscheidung über neue Fertigungsverfahren.

D. Betriebswirtschaftliche Statistik [53]

Man unterscheidet die für innerbetriebliche Maßnahmen wichtige Betriebsstatistik und die Marktstatistik zur Unterstützung der Unternehmerpolitik.

Unterlagen beschafft man als Primärerhebung durch unmittelbare Beobachtung, persönliche oder schriftliche Befragung oder als Sekundärerhebung aus der Buchhaltung, Kalkulation, Korrespondenz usw. Alle im Betriebe anfallenden Zahlen können einbezogen werden, unter Aufbereitung nach bestimmten Methoden der Ordnung und Neugruppierung. So werden Summenzahlen der Bilanz nach Kostenelementen aufgegliedert, absolute Zahlen in Prozentzahlen umgebildet. Auch Mittelwerte als Ergebnis der Häufigkeitsanalyse und Indexzahlen durch Festlegung der verhältnismäßigen Abweichung von einer Norm können von Nutzen sein. Sollzahlen im Vergleich mit der tatsächlichen Entwicklung geben ein weiteres Feld der Statistik. Da die Zusammenstellung von Zahlen allein nicht immer die gewünschte Schlagkraft und Übersichtlichkeit hat und graphische Auswertungen lebendiger wirken, bedient sich die Statistik ihrer in besonderem Maße. Im einzelnen eignet sich die Säulendarstellung, ob stehend oder liegend, wegen ihrer starren, räumlich abgegrenzten Form besonders für Bestände. Die perspektivische Säule bietet die Möglichkeit, zwei Gliederungsgesichtspunkte von Zahlenreihen in einer Darstellung zu vereinen. Das Flächenbild ist eindrucksvolles Anschauungsmittel für Verhältniszahlen, Prozentzahlen oder besonders von Größenbeziehungen. Die Kurve gilt als spezifische Darstellungsweise für Bewegungs- und Entwicklungsvorgänge. Überall da, wo Zahlen als Funktion der Zeit in ihren Schwankungen und Tendenzen wiedergegeben werden sollen, ist die Kurvenauswertung am Platz. Die Verbindung von Kurve und Fläche kann eigenartige und methodisch wertvolle Schaubildformen bringen.

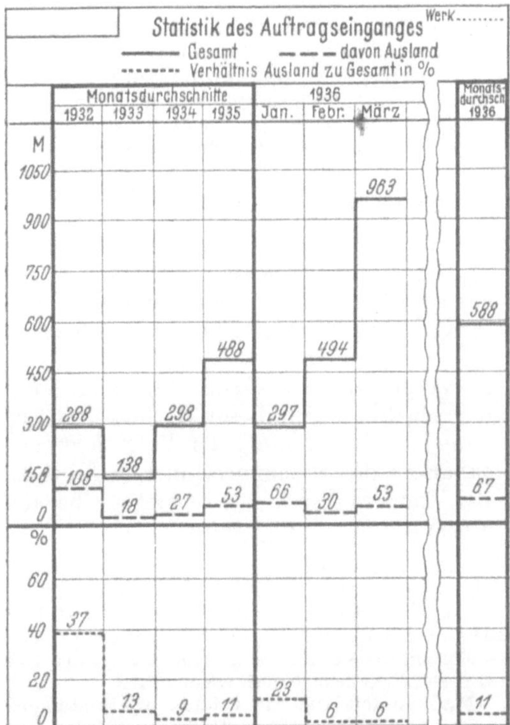

Abb. 67. Statistik des Auftragseinganges

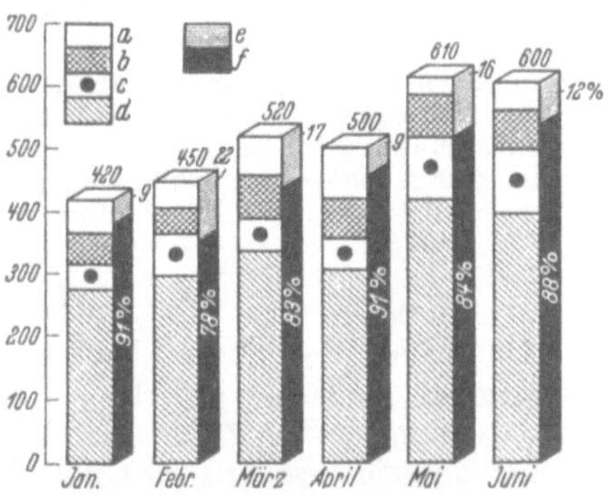

Abb. 68. Umsatzstatistik nach Erzeugnissen
a Metallguß; b Stahlguß; c Temperguß;
d Grauguß; e Ausland; f Inland

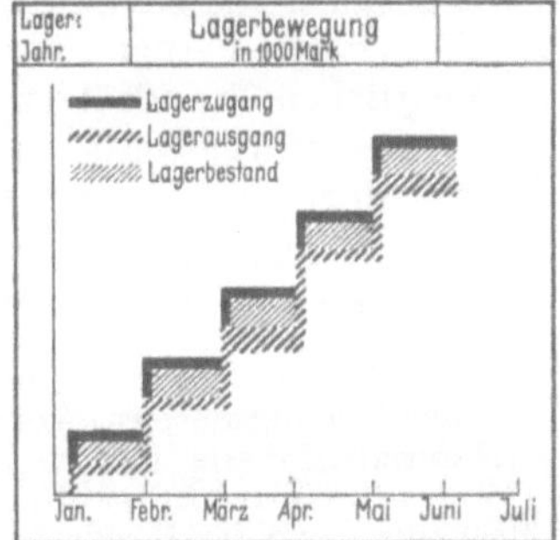

Abb. 69. Lagerbewegungsstatistik

Im praktischen Betrieb bildet im Vertriebsbereich die Statistik des Auftragseinganges (Abb. 67) ein untrügliches Barometer der Geschäftslage und der Verkaufsentwicklung, aus welchem in Verbindung mit dem Umsatz (Abb. 68) die Auftragsbestandsstatistik entwickelt werden kann. Die Statistik der Werkstoffbewegung gibt Aufschluß darüber, ob es gelungen ist, den richtigen Weg der Lagerbemessung zu finden (Abb. 69). Für die Betriebsleitung ist die Belegschaftsübersicht (Abb. 70) von großer Bedeutung, wcbei auch noch die Aufgliederung nach Anmarschwegen interessant wird (Abb. 71). Weiter sind Zusammenstellungen über die Arbeitsaufgliederung nach Alter, Beruf, Männer, Frauen, ob Lohn- oder Akkordarbeiter usw. wichtig. Verfahrene Fertigungsstunden, evtl. mit den erreichten Umsatzzahlen kombiniert geben klar die Entwicklung im Produktionsbereich. Die Lohnstatistik selbst gibt wichtige Fingerzeige für innerbetriebliche Maßnahmen.

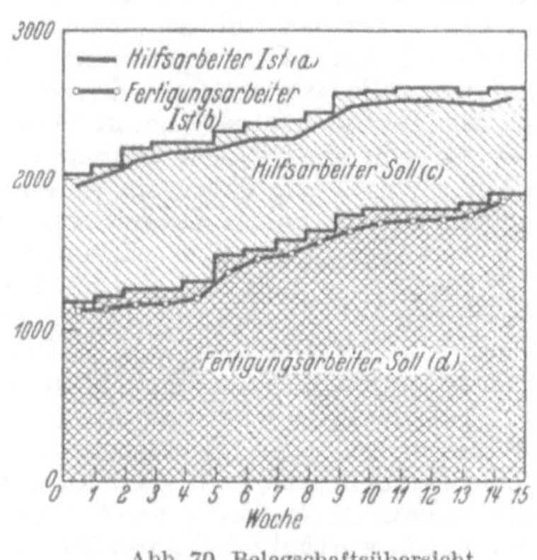

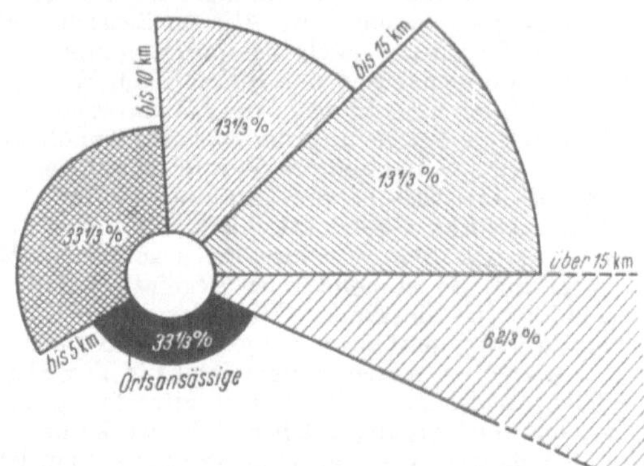

Abb. 70. Belegschaftsübersicht
als „Soll" und „Ist"

Abb. 71. Aufgliederung der Gefolgschaft
nach Anmarschwegen als Flächendiagramm

Mengenstatistiken in Form von Prozentauswertungen und Kostenvergleiche zwischen Standard und Ist ergänzen die Bemühungen um Betriebserkenntnisse, wobei noch besonders auf die Abhängigkeit, z. B. der Hilfslöhne vom Beschäftigungsgrad, hinzuweisen wäre. Auch die Ausschußüberwachung nach Material-, Bearbeitungs- und Konstruktionsfehlern gehört in den Aufgabenkreis. Nicht zu vergessen die für die eigentliche Geschäftsleitung wesentlichen Statistiken der Geldbewegung und sonstiger Bilanz- und Anlagenwertezahlen.

E. Betriebsvergleich [54]

Durch den Betriebsvergleich erstrebt man extern (zwischen-, außerbetrieblich) und intern (innerbetrieblich) die Bildung von Kennziffern und Richtwerten, die, in Beziehung zu den Zahlen des Vergleichsbetriebes gesetzt, die eigenen anfälligen Stellen aufzeigen sollen. Er trägt also zur Kostensenkung und Leistungssteigerung bei.

Um aber bei der Auswertung dieser Vergleiche vor verhängnisvollen Fehlschlüssen gesichert zu sein, muß man die Vorbedingungen dieser Rechnungsart erfüllen. Sie betreffen Abgrenzung, Erfassung und Errechnung der Vergleichswerte nach einheitlichen Grundsätzen, Vergleichbarkeit der Erzeugnisse in bezug auf Art und Zeit. Beeinflußt werden die Zahlen besonders durch die Betriebsgröße, den Betriebsstandort, die Unternehmensform und die Fertigungsweise.

a) Bei der Vergleichszahlenbildung spricht man von Produktivitätszahlen, wenn der technische Vorgang der Gütererzeugung (Produktionsleistung in Stück, kg, Meter, Kubikmeter usw.) ins Verhältnis zum Einsatz an Material, Arbeitszeit und Produktionsmittel gesetzt wird. Wird der gleiche Vorgang dagegen wirtschaftlich-wertmäßig betrachtet, also der Wert der Produktionsleistung in Geld als Ertrag, ins Verhältnis zu den Kosten des Einsatzes (Material-, Arbeits- und Kapitalkosten) gesetzt, so erhält man sogenannte

b) Wirtschaftlichkeitskennzahlen. Maßnahmen, die die Produktivität steigern, z. B. Mechanisierung der Handarbeit, müssen ja keinesfalls zwangsläufig neben der Produktivitätssteigerung auch eine bessere Wirtschaftlichkeit sichern. Setzt man dagegen auch noch das eingesetzte Vermögen (Kapital) an Materialvorräten, Arbeitsmitteln und Geldmitteln ins Verhältnis, so erhält man

c) Rentabilitätskennzahlen $= \dfrac{\text{Ertrag minus Kosten}}{\text{Vermögen (Kapital)}}$.

Wie derartige Vergleiche aufgezogen sind, zeigt Tab. 14 für Graugießereibetriebe als Beispiel. Bei derartigen Auswertungen sind stets die besonderen Betriebseigenheiten zu berücksichtigen. Entsprechend ist für sonstige Betriebe mit einheitlicher Fertigung ein Vergleich der Produktionsleistung je Beschäftigten möglich, z. B. Tab. 15 für die Werkzeugmaschinenindustrie und Tab. 16 für die Erzeugung des Volkswagenwerkes. Interessant sind dann noch Zahlen, die angeben, wieviel DM Vermögen (Kapital) bzw. Anlage- oder Umlaufvermögen je kg oder Stück der Produktion eingesetzt sind usw.

Tabelle 14. *Eingesetztes Material und ausgebrachte gute Ware für einige Graugießereibetriebe*

| | Gießerei | | | |
	I	II	III	Landes-durchschnitt
Roheisen, kalter Satz	30,5	34,4	32,2	35,7
Gußbruchanteil	47,3	45,7	41,6	37,9
Kreislaufmaterial im kalten Satz	22,2	19,9	25,2	26,4
Gesamteinsatz	100,0	100,0	100,0	100,0
Abbrand	4,3	5,0	4,0	5,6
Flüssiges Eisen in der Pfanne .	95,7	95,0	96,0	94,4
Anfallendes Kreislaufmaterial .	23,5	17,3	20,1	21,7
Ausbringen	72,2	77,7	75,0	72,7
Ausschuß	5,2	1,8	2,9	4,5
Gute Ware	67,0	75,9	73,0	68,2
Durchschnittl. Stückgewicht in kg	3,0	15,6	131,0	28,5

Tabelle 15. *Produktionsleistung in der Werkzeugmaschinenindustrie: hier sind infolge der starken Abhängigkeit von konstruktiver und manueller Arbeit der Produktivitätssteigerung enge Grenzen gesetzt*

Jahr	1953	1954	1. Halbjahr 1955
Produktion in Tonnen je Beschäftigten	2,53	2,64	1,36

Tabelle 16. *Kopfleistung des Volkswagenwerks: ein Bezug auf die verfahrene Schichtstunde liefert allerdings genauere Vergleichswerte*

Jahr	1951	1952	1953	1954
Jahresproduktion je Belegschaftsmitglied in Wagen	7,2	8,07	9,00	9,95

d) Einen großen Raum nimmt der Fertigungszeit(aufwand)-Vergleich je Erzeugnis ein, wobei Zahlen gleichen Charakters zu verschiedenen Zeitpunkten den Fortschritt erkennen lassen.

Auch beim Vergleich von Wirtschaftlichkeits- und Rentabilitätskennzahlen kann von amtlichen Statistiken ausgegangen werden, wie dies z. B. Tab. 17 für den Maschinenbau des Bundesgebietes zeigt. Wie wesentlich hier allerdings Abweichungen infolge von Unterschieden in der Produktion und den im Einkauf für die Vorprodukte angelegten Beträgen sind, zeigt Tab. 18.

d) Sonstige Vergleiche. Es kann hier natürlich nur ein Hinweis auf die Möglichkeiten gegeben werden, wobei noch eine ganze Reihe von weiteren Kennziffern und formelmäßigen Größen für die Unternehmensleitung von Interesse sind. Sie reichen bis in den technischen Verfahrens-, Kalkulations- und Kostenglie-

Tabelle 17. *Erzielter Umsatz je Beschäftigten für Betriebe mit mehr als 10 Beschäftigten. Umsatz ohne Handelsware, Löhne und Gehälter ohne Arbeitgeberanteil zur Sozialversicherung*

Durchschnitt Sept.—Okt. 1955	Erzielter Umsatz in DM im Monat			
	je Beschäftigt.	je Arbeiterstd.	je DM Lohn	je DM Gehalt
Maschinenbau	1813	11,2	6,8	15,6
Feinmechanik und Opt. Industrie	1256	7,5	4,72	14,18
Blechwaren- und Feinblech-Industrie	1891	11,8	7,41	28,4
Metallwaren- und Kurzindustrie	1501	9,1	6,03	21,5
Werkzeugindustrie	1611	11,3	6,27	20,4

derungsvergleich, so z. B. Werkzeugkosten je Fertigungsstunde usw. Themamäßig interessieren hier vielleicht noch einige Zahlen, die in direktem Zusammenhang mit der *Arbeitsvorbereitung* stehen.

Tabelle 18. *Umsatzzahlen in DM je Beschäftigten, aus denen ersichtlich ist, in welchem Maße die Art der Produktion, Betriebsausrüstung und Rationalisierungsstand Vergleichszahlen beeinflussen; bei der Steigerung ist auch die Preissteigerung von 1949 bis 1955 zu beachten*

	49/50	50/51	51/52	52/53	53/54	54/55
Siemens	8600	11 500	13 500	13 700	14 100	15 400
AEG	—	—	16 700	17 600	18 100	19 600
VDM	—	33 000	23 200	27 400	29 800	—
Volkswagenwerk	—	—	34 200	39 554	40 966	43 699

So ermittelte das IFO-Institut [*19*] in einer Sonderumfrage bei 2655 Betrieben der verschiedensten Größe, der Grundstoff-, Investitionsgüter- und Verbrauchsgüterindustrie, die in Tab. 19 angegebenen Zahlen. Interessant ist auch noch die Verteilung nach *Erzeugniszweigen* und zwar entfallen auf einen Sachbearbeiter der Arbeitsvorbereitung bei der Grundstoff- und Produktionsgüterindustrie (Steine und Erden, Holz- und Gummierzeugung, Papier- und chemische Spezialerzeugnisse) 246 Beschäftigte, in der Investitionsgüterindustrie

Tabelle 19. *Verhältnis der Zahl der Zeitstudiensachbearbeiter, Kalkulatoren, Stückzeitrechner, Arbeitsplaner, Auftrags- und Terminplaner im Verhältnis zur Zahl der Beschäftigten in Abhängigkeit von der Betriebsgröße als Querschnitt durch die Gesamtindustrie*

Betriebsgröße nach Anzahl der Beschäftigten	Anzahl der befragten Betriebe	Anzahl der darin Beschäftigten	Antworten		Anzahl der Beschäftigten je Sachbearbeiter
			ohne Antwort v.H.	Anzahl	
1 bis 100	1137	51 141	42	301	98
101 bis 250	581	97 452	30	603	108
251 bis 1000	708	344 608	23	2280	117
1001 bis 3000	167	270 375	20	1950	11
über 3000	62	631 542	39	2370	164
alle Größen	2655	1 395 118	31	7531	138

(Maschinen-, Fahrzeugbau, Eisen- und Metallwaren, Elektrotechnik, Feinmechanik und Optik) 101 Beschäftigte und in der Verbrauchsgüterindustrie (Textil-, Leder-, Holz-, Glas-, Keramik-, Papierverarbeitung, Spielwaren) 249 Beschäftigte auf einen Sachbearbeiter.

Der *Verfasser* ermittelte auf Grund einer Umfrage in 12 Betrieben des Maschinenbaus, die mit ihren Erzeugnissen einen gewissen Weltruf genießen, daß 1 Sachbearbeiter (Besteller, Material- und Fertigungs- sowie Stückzeitplaner, Auftragsausschreiber, Terminplaner und Überwacher) auf etwa 17 in der Fertigung eingesetzte Belegschaftsmitglieder (nicht Gesamtbelegschaft) in der Einzel- und Kleinserienfertigung, 22 in der Serien- und 30 in der Massenfertigung mit sich öfter wiederholenden Serien kommt.

Aus Untersuchungen des RKW wurde bekannt, daß z. B. von 72 untersuchten Betrieben der verschiedensten Branchen nur in 13 Betrieben die vorhandene Arbeitsvorbereitung hinsichtlich der Funktionen und Anpassung an die Betriebsstruktur den Anforderungen entsprach und in 41 von den restlichen 59 Betrieben nicht einmal Klarheit über Wesen, Umfang und Bedeutung der Arbeitsvorbereitung herrschte. Während die Planung im allgemeinen mehr den Anforderungen entsprach, war die Fertigungssteuerung nur z. B. in 6% von 48 besuchten Betrieben den Erfordernissen entsprechend eingerichtet.

F. Plankostenberechnung [55]

Die in der Betriebsbuchhaltung, Kalkulation und Statistik gegebene Istkostenrechnung kann zur ständigen Betriebskontrolle und auch zur Vereinfachung des Rechnungswesens durch die Plankostenrechnung ersetzt bzw. ergänzt werden. Sie hat im voraus an Hand normaler Mengen und Zeiten mit Verrechnungspreisen die Plankosten je Kostenstelle (*Budgetkosten* je Verantwortungsbereich) oder je Kostenträger (*Standardkosten* je Erzeugnis) zu ermitteln. Zur Wirtschaftlichkeitskontrolle der Kostenstellen und zur Preiskontrolle der einzelnen Fabrikate brauchen dann nur noch die Abweichungen von der Norm laufend erfaßt zu werden, während alle plangerecht ablaufenden Vorgänge nicht mehr interessieren. Dies ergibt besondere Einsparungen in der Nachkalkulation und eine laufende Übersicht über Preise und Kosten, ohne das oftmals mehrmonatige Nachhinken.

Das Hauptproblem bildet dabei einmal die richtige Festsetzung der Planzahlen für die Zukunft, wobei man Preisschwankungen durch Festsetzung langfristiger Verrechnungspreise für Materialien, in Anlehnung an den Tagespreis, den Börsenpreis und die wahrscheinliche Entwicklungstendenz, ausschaltet. Die jeweilige Anpassung geschieht über entsprechende Berichtigungs-Index-Zahlen.

Zu berücksichtigen ist ferner, daß die Kostenstellen möglichst optimal ausgenutzt werden, was eine eingehende Untersuchung über das Verhalten der einzelnen Kostenarten bei verschiedenem Beschäftigungsgrad notwendig macht. Denn bei Auswertung der Zahlen müssen die Erfolgsziffern einer Kostenstelle, besonders wenn der Leiter mittels Prämien daran interessiert wurde, von den unverschuldeten Beschäftigungsverlusten getrennt werden. Dies führt oft bei Unternehmen mit mehreren Erzeugnissen, wechselnder Auftragszusammensetzung usw. zur Komplizierung der Rechnung, so daß zumindest in diesen Fällen die ganze Budgetrechnung unwirtschaftlich werden kann.

V. Schrifttum

[1] Zeitschrift „Arbeitsphysiologie". Berlin/Göttingen/Heidelberg: Springer. — HUTH, A.: Seelenkunde und Arbeitseinsatz, München 1927. — KROEBER-KENETH, L.: Erfolgreiche Personalpolitik, Düsseldorf 1954. — SCHMIDT, W.: Das erfolgreiche Führen in Technik und Wirtschaft, Düsseldorf 1960.

[2] HENNIG, K.: Betriebswirtschaftliche Organisationslehre, 3. Aufl., Berlin/Göttingen/ Heidelberg: Springer 1957.

[3] JAKOBI, O.: Die Technik in Abhängigkeit vom bewertenden Menschen. VDI-Z. 1948, S. 227. — MAJO, E.: Probleme industrieller Arbeitsbedingungen, Frankfurt 1950. — JEBSEN, R.: Industrielle Leistungssteigerung durch sozialpsychologische Erkenntnisse. Zentralblatt f. Arbeitswissenschaft 1949, H. 6. — HANTEL, E.: Brücken von Mensch zu

Mensch, Stuttgart 1953. — Festvorträge auf der Jahrhundertfeier des VDI. VDI-Z. 1956, H. 23.

[4] MOEDE, W.: Eignungsprüfung und Arbeitseinsatz, Stuttgart 1943. — WETZ, A.: Psychologie für die Praxis, Berlin 1944. — HISCHE, W.: Arbeitspsychologie, Hannover 1950. — DIRKS, H.: Die Arbeitsanalyse. Psychologische Rundschau 1955. — DIRKS, H.: Psychologie, eine Seelenkunde, Gütersloh 1960. — BORNEMANN, E.: Methoden der Berufsanalyse. Handbuch der Psychologie Bd. 9, Betriebspsychologie, Göttingen 1961. — SCHMIDTKE, H., u. H. SCHMALE: Arbeitsanforderung und Berufseignung, Schriften zur Arbeitspsychologie Bd. 4, 1961.

[5] KRETSCHMER, E.: Körperbau u. Charakter, Berlin: Springer 1936; 23/24. Aufl. 1961.

[6] PIDERIT: Mimik und Physiognomie, Detmold 1925. — MÖRKER: Symbolik der Gesichtsform, Leipzig 1933. — STREHLE: Analyse des Gebarens, Berlin 1935.

[7] KLAGES, K.: Grundlage der Charakterkunde, Leipzig 1936. — HELLMUT: Menschenkenntnis u. Handschrift, Berlin 1934. — KROEBER-KENETH, L.: Technik und Fehlerquellen der graphologischen Gutachten. Industrielle Psychotechnik 18, H. 2/4.

[8] TÜRK, F., u. W. DÖRRHÖFER: Neuzeitliche Methoden der Personalauslese, Frankfurt 1950. — WARTEGG, E.: Gestaltung und Charakter, Leipzig 1939. — FRANZEN, E.: Testpsychologie, Ullstein-Taschenbuch Nr. 181, 1958.

[9] RIEDEL, J.: Arbeitsunterweisung, Refa-Buch Bd. 4, München 1961.

[10] SCHMITT, G.: Erziehung zur Unfallverhütung. ZfO. 1937, S. 191. — SCHADE: Kampf dem Unfall. ZfO. 1941, H. 11. — Schriftenreihen und Unfallverhütungsbilder des Hauptverbandes der gewerblichen Berufsgenossenschaften. Leverkusen 4.

[11] RUMMEL, K.: Bericht 176 „Leistungslohn u. Lohnarten" des Ausschusses f. Betriebswirtschaft d. Vereins deutscher Eisenhüttenleute. — BAIERL, F.: Produktivitätssteigerung durch Lohnanreizsysteme, München 1956. — Gedanken zur Prämienentlohnung. Leistung u. Lohn Nr. 5 Bundesvereinigung Deutscher Arbeitgeberverbände, Köln 1961.

[12] Schriftenreihe „Grundlagen und Praxis des Arbeits- und Zeitstudiums". Bisher erschienen Bd. 1 1961: Einführung in das Arbeits- und Zeitstudium von H. BÖHRS, E. BRAMESFELD und H. EULER; Bd. 2 1949: Die betriebswirtschaftlichen Grundlagen und Grundbegriffe des Arbeits- und Zeitstudiums von H. EULER; Bd. 3 1955: Praktisch-psychologischer Leitfaden für das Arbeitsstudium von E. BRAMSFELD und O. GRAF; Bd. 8 1951: Beiträge zur Frage des Leistungsgrades und der Vorgabezeit von E. KUPKA. — WINKEL, A., R. MÜLLER usw.: Arbeits- und Zeitstudien in der Betriebspraxis, München 1949.

[13] LEHMANN, G.: Die Bedeutung energetischer Überlegungen für die Gestaltung menschlicher Schwerarbeit. Refa-Nachrichten 1949, H. 4. — SPITZER, H.: Physiologische Grundlagen für den Erholungszuschlag bei Schwerarbeit. Refa-Nachrichten 1951, S. 37. — SPITZER, H.: Über die Messung der körperlichen Ermüdung. Refa-Nachrichten 1956, S. 136. — SPITZER, H., u. TH. HETTINGER: Tafeln für den Kalorienumsatz bei körperlicher Schwerarbeit. Refa-Sonderheft, Beuth 1959. — ROHMERT, H.: Statische Haltearbeit des Menschen. Refa-Sonderheft, Beuth 1960. — HILF, H.: Zur Problematik der Dauerleistungsgrenze, ZwF 1962, S. 203. — LEHMANN, G., u. H. SCHMIDTKE: Die Bedeutung des Faktors Mensch in der Industrie. VDI-Z. 1962, H. 15.

[14] Werkstattbücher Heft 63: BUSCH, Der Dreher als Rechner, 5. Aufl. 1957.

[15] ADB-Refa-AWF: Vorgabezeiten beim Drehen, Berlin 1956.

[16] Derartige Nomogramme kann man für viele rechnerische Zusammenhänge aufstellen. Vgl. Werkstattbuch Heft. 90: HAPPACH, Technisches Rechnen II, 3. Aufl. 1949. — KUNZ, J.: Nomographische Hilfsmittel, München 1956.

[17] Beuth-Vertrieb. Berlin W 15, Uhlandstr. 175 und Köln, Friesenplatz 16.

[18] BEDAUX-System. Industrielle Psychotechnik 1933, S. 328. — SCHLESINGER, G.: Das BEDAUX-Verfahren. W u. Mb 1936. — ROCHAU, E.: Das BEDAUX-System, seine praktische Anwendung und kritischer Vergleich mit dem Refa-System, Würzburg 1952.

[19] IFO-Institut für Wirtschaftsforschung, München 27, März 1956.

[20] Einige Gedanken zum MTM-Verfahren. Arbeitskreis für Arbeitsstudien des DGB. Informationsdienst 1955 Nr. 12. — FORNALLEZ, P.: Arbeitsgestaltung und vorbestimmte Zeiten. Refa-Nachrichten, März 1956. — PILZ, H.: Die Einführung des Work-Factor-Systems in Deutschland. Refa-Nachrichten, Aug. 1961. — HEIMANN, K. W., u. K. WILLENBACHER: Einsatz des Work-Factor-Systems in einem Großbetrieb. Refa-Nachrichten, Dez. 1961.

[21] HALLER-WEDEL, E.: Multimoment-Aufnahmen in Theorie und Praxis, München 1961. — KRALL, H.: Die Multimomentaufnahme, ihre Anwendung. Maschinenmarkt 1961, Nr. 76, S. 9—14.

[22] Arbeitswissenschaftliches Institut: Arbeitsbewertung, Berlin 1941. — WIBBE, I.: Entwicklung, Verfahren und Probleme der Arbeitsbewertung, Refa-Buch Bd. 6, München 1961. — ALBIEZ, F., u. F. FRADL: Arbeitsbewertung in der Zellstoff- und Papierindustrie, München 1961. — Lohn und Leistung, Sonderheft „Der Arbeitgeber", Düsseldorf 1961 (hier auch ausführliche Literaturangaben). — GAUL, D.: Die Arbeitsbewertung in ihrer rechtlichen Bedeutung, Kassel 1957.

[23] Reichslohngruppenkatalog „Eisen- und Metall", Berlin 1942 mit Ergänzungen.

[24] EULER,H. u. H. STEVENS: Die analytische Arbeitsbewertung. Heft 3 der Sozialwirtschaftlichen Schriftenreihe, Düsseldorf 1956.

[25] BAUER, A., u. A. BRENGEL: Durchführung der Arbeitsbewertung in der Praxis, Stuttgart 1949.

[26] LORENZ, F.: Arbeitsbewertung an Hand von Vergleichsreihen. Sonderdruck aus „Arbeitskundliche Mitteilungen für den chemischen Betrieb", Juni 1955 Folge 2. — LORENZ, F.: Stellungnahme zu verschiedenen Bewertungssystemen, Ludwigshafen 1950.

[27] Verein der Bayerischen Metallindustrie, München 2.

[28] Analytische Arbeitsbewertung für die Metallindustrie Rheinland-Pfalz, Ausgabe 1961. Verband der Pfälzischen Metallindustrie, Neustadt/Weinstr. — WALTER, H.: Erste tariflich vereinbarte Methode einer analytischen Arbeitsbewertung für gewerbliche Arbeiter der Metallindustrie. TZ für prakt. Metallbearbeitung 1962, H. 10.

[29] HAGNER, G., u. H. WENG: Arbeitsschwierigkeit und Lohn, Köln 1951.

[30] BAADER, W. E.: Handbuch der gesamten Arbeitsmedizin, Berlin/München 1961. — DORLING, E.: Durch physiologische Arbeitsgestaltung zur Arbeitserleichterung und Produktivitätserhöhung. Die Technik 1957, H. 12. — WENZEL, H. G.: Messungen der körperlichen Leistungsfähigkeit bei Hitzearbeit. Zentr. Blatt für Arbeitswissenschaft 1961, H. 2. — SCHENK, W.: Beziehungen zwischen Raumklima und Fertigung. ZwF 1959, H. 10. — GRANDJEAN, E.: Umwelteinflüsse am Arbeitsplatz (Temperatur, Lärm). Industrielle Organisation 1957, Nr. 11. — VDI-Richtlinie 2057, 2. Entwurf Dez. 1961: Beurteilung der Einwirkung mechanischer Schwingungen auf den Menschen. — DIECKMANN, D.: Über die Belastung des Menschen durch mechanische Schwingungen. ZwF 1958, H. 7/8 — SCHIEFERER, G., u. H. ENGELHARDT: Die Umwelteinflüsse bei analytischer Arbeitsbewertung. Werkstatt u. Betrieb 1962, H. 6. — RKW: Die Anpassung der Arbeit an den Menschen, Heft 18 des Auslandsdienstes (18 Referate), Berlin 1960.

[31] EULER, H.: Analyse und Bewertung der Angestelltentätigkeit. Industrielle Organisation 1954, H. 3. — JUNGBLUTH, A.: Die Bewertung der Angestelltentätigkeit. Z. Rationalisierung 1953, H. 6. — SCHMOLZ,W.: Ein Beitrag zur Frage der Arbeitsbewertung der Angestelltentätigkeit. Das Industrieblatt 1951, S. 280. — SCHOPPE, R.: Bewertung der Angestelltentätigkeit. Zentralblatt f. Arbeitswissenschaft 1954, H. 6.

[32] SPITALER, A.: GmbH. Rundschau 1951, S. 177. — LEHMANN, M. R.: Der praktische Betriebswirt 1941, S. 693. — ZINTZEN: Festschrift für ARMIN SPITALER, Köln 1958, S. 201.

[33] WALTER, H.: Die Festsetzung von Leistungszulagen für Zeitlohnarbeiter. Werkstatt u. Betrieb 1956, H. 2.

[34] Festschrift für Prof. KALVERAM: Die Führung des Betriebes, Berlin 1940. — NORDSIECK, F.: Rationalisierung der Betriebsorganisation, Stuttgart 1955. — HENNIG, W.: Betriebswirtschaftslehre der industriellen Fertigung, Braunschweig 1948.

[35] Gesellschaft f. Organisation: Organisationsschaubilder, Berlin 1938. — PECHHOLD, E.: Arbeitsablauf im Büro. In Handwörterbuch der Betriebswirtschaft, Stuttgart 1956. — NORDSIECK, FR.: Die schaubildliche Erfassung und Untersuchung der Betriebsorganisation, Stuttgart 1951.

[36] EICKE, K.: Arbeitsvorbereitung, Wiesbaden 1952.

[37] ILLETSCHKO, L.: Betriebswirtschaftliche Organisationsmittel, Essen 1952. — Das Vordruckwesen. Nr. 161 der Schriftenreihe des AWV (Ausschuß für wirtschaftliche Verwaltung).

[38] MÜLLER, G.: Auftragserfassung und Fertigungssteuerung mit Hilfe der Randlochkarte. Maschinenmarkt, 10. Okt. 1958. — BUCKSCH, R.: Die Bedeutung der Arbeitsstudie für den Einsatz moderner Rechenanlagen (Lochkartenverarbeitungssystemen) Refa-Nachrichten, Dez. 1956. — Druckschriften der IBM (Internationale Büromaschinen-Gesellsch., Sindelfingen); — Remington-Rand GmbH., Frankfurt-Rödelheim usw.

[39] SUNDHOFF, E.: Grundlagen und Technik der Beschaffung von Roh-, Hilfs- und Betriebsstoffen, Essen 1958.

[40] Siehe: „Unterlagen über Materialbedarfsdeckung, Bestands-, Bestell- und Verfügbarkeitsberechnung" von IBM-Deutschland, Sindelfingen, und „Die maschinelle Fertigungsdisposition", Siemens & Halske AG., Wernerwerk.

[41] HENZEL, F.: Lagerwirtschaft, Essen 1950.

[42] RKW-Veröffentlichung Nr. 92: Grundlagen d. Werkzeugbewirtschaftung. Beuth 1940. — GRÄBER, H.: Lagern und Instandhalten von Schneid- und Meßwerkezugen. MB 1938 S. 139.

[43] GUTENBERG, E.: Grundlagen der Betriebswirtschaftslehre Bd. 1, Die Produktion, 6. Aufl., Berlin/Göttingen/Heidelberg: Springer 1961. — Hütte-Taschenbuch für Betriebsingenieure Bd. II, Abschnitt 12. — VOGEL, I.: Auftragssteuerung im Fertigungsablauf. Industrie-Anzeiger 1957, Nr. VII. — GREGER, V.: Terminplanung und Auftragssteuerung im Großmaschinenbau. Industrieblatt, Nov. 1959. — PENZEL, L.: Das Zeitstrahl-System für die exakte Maschinenbelegung unter wechselnden Fertigungsbedingungen. Industrie-Anzeiger, 10. Juli 1962. — RUNGE, H.: Betriebliche Arbeitsvorbereitung im Blickwinkel der Rationalisierung. Industrie-Anzeiger, 5. Okt. 1954. — WINKEL, A.: Auftragsbehandlung und Terminwesen im kleinerem Industriebetrieb, München 1957.

[44] PRISTL, F.: Die betriebliche Kapazität-Definition und Messung. Industrieblatt, Mai 1960.

[45] GRÖTRUP, H.: Steuerung des Fertigungsablaufes durch Fertigungszentralen. Ztschr. „technica" 11, H. 23/24. — FUCHS, L.: Steuerung des Betriebsablaufes mit Produktograph-Anlagen. Siemens-Ztschr., April 1961. — SCHEUER, H. A.: Organisatorische Rationalisierung in der industriellen Produktion (SCHEUER-System), Düsseldorf, Kronenstr. 38.

[46] STUBENRECHT, A.: Lochkartenmaschinen und Elektronenanlagen. ZwF 1961, S. 436; Der Umbruch in der Fertigungstechnik, Wandel im organisatorischem Denken. Industrie-Anzeiger 1962, Nr. 70. — HOLZHAUSEN, H.: Lochkarte und Elektronik in der Arbeitsvorbereitung. Refa-Nachrichten, Aug. 1962. — SCHMILZ, W.: Fertigungslenkung mit Lochkarten. Industrieblatt, Nov. 1958. — Handbuch der Lochkarten-Organisation, Ausschuß für wirtschaftliche Verwaltung (AWV) 1956. — Stücklisten-Organisation, Konstruktionsgerechte Dokumentation, Arbeitsplan-Organisation, Terminfindung und Fertigungsüberwachung, Referatunterlagen der IBM-Deutschland, Sindelfingen bei Stuttgart. — Die maschinelle Fertigungsdisposition. Datenverarbeitungs-Anlage für Fertigungsdisposition und Siemens-Selex, Integrierte Datenbearbeitung mit Fernschreibgeräten. Siemens & Halske AG. Schriften.

[47] Handelsgesetzbuch, Aktien-, GmbH.-, Genossenschaftsgesetz.

[48] Richtlinien zur Organisation der Buchführung, 1937, Leitsätze für Preisermittlung auf Grund der Selbstkosten bei Leistungen für öffentliche Auftraggeber (LSO) 1938. Kostenrechnungsrichtlinien der eisen- und metallverarbeitenden Industrie, Berlin 1942. — AWF-Veröffentlichung Nr. 101: Größere Wirtschaftlichkeit durch geordnetes Rechnungswesen, Leipzig 1943. — Nach dem Kriege erschien für die DDR ein Einheitskontenrahmen nebst Erläuterungen (EKRI) 1948, der rd. 200 verschiedene Gewerbezweigkontenrahmen ersetzt.

[49] Gemeinschaftskostenrahmen industrieller Verbände (GKR) mit Gemeinschafts-Richtlinien für die Buchhaltung (GRB), vom Arbeitsausschuß industrieller Verbände, Ausgabe Industrie. Frankfurt/M. 1950. — FUNKE, H.: Die Betriebswirtschaft im Maschinenbau, Freiburg 1955. — FUNKE, H., u. K. MELLEROWICZ: Grundfragen u. Technik d. Betriebsabrechnung, Freiburg 1953.

[50] NORDEN, H.: Der Betriebsabrechnungsbogen, Stuttgart 1951. — AULER, W.: Betriebsbuchführung, Wolfenbüttel 1948.

[51] WEIGMANN, W.: Selbstkostenrechnung und Preisbildung in der Industrie, Leipzig 1939. — SCHMALENBACH, E.: Selbstkostenrechnung und Preispolitik, Leipzig 1934. — GELDMACHER: Wirtschaftskunde, Leipzig 1927. — RUMMEL: Grundlagen der Selbstkostenrechnung, Düsseldorf 1934.

[52] SCHMALENBACH, E.: Pretiale Wirtschaftslenkung, Bremen-Horn 1947.

[53] SCHENK, H.: Die Betriebskennzahlen, Leipzig 1939. — DAEVES: Praktische Großzahlforschung, Berlin 1933. — ANTONIE, H.: Das Schaubild in der Betriebsstatistik. ZfO 1936, S. 281 u. 311. — LEHMANN, R.: Grundfragen u. Sachgebiete der industriellen Betriebsstatistik, Essen 1953. — ANTONIE, H.: Kennzahlen-Richtzahlen-Planungszahlen, Wiesbaden 1956.

[54] KALVERAM, W.: Der zwischenbetriebliche Kostenvergleich, Berlin 1939. — VÖLKER, H.: Methoden des zwischenbetrieblichen Vergleiches in der Industrie, Bühl-Baden 1941. — PRISTL, F.: Betriebskennzahlen und Betriebsvergleich. Das Industrieblatt 1957, S. 28. — SCHUTZ-MEHRIN, O.: Betriebswirtschaftliche Kennzahlen, Berlin 1945.

[55] MICHEL, E.: Handbuch der Plankostenrechnung, Berlin 1941. Arbeitsgemeinschaft Plankosten, Sonderheft „Plankostenrechnung". Wiesbaden 1949. — Plankosten, Sonderheft der Zeitschrift für Betriebswirtschaft 1950. — ABROMEIT, H. G.: Amerikanische Betriebswirtschaft, Wiesbaden 1953.

Offsetdruck: Julius Beltz, Weinheim/Bergstr.